MACHINES

APPROUVÉES

PAR L'ACADEMIE

ROYALE

DES SCIENCES.

TOME TROISIÉME.

MACHINES

ET

INVENTIONS

APPROUVÉES

PAR L'ACADEMIE

ROYALE

DES SCIENCES,

DEPUIS SON ÉTABLISSEMENT
jusqu'à present ; avec leur Description.

Deſſinées & publiées du conſentement de l'Académie , par M. GALLON.

TOME TROISIEME.

Depuis 1713. juſqu'en 1719.

A PARIS,

Chez $\left\{\begin{array}{l}\text{GABRIEL MARTIN,}\\\text{JEAN-BAPTISTE COIGNARD, Fils,}\\\text{HIPPOLYTE-LOUIS GUERIN,}\end{array}\right\}$ Ruë S. Jacques.

MDCCXXXV.
AVEC PRIVILEGE DU ROY.

TABLE
DES MACHINES

Contenuës dans ce troisiéme Volume.

ANNE'E 1713.

ANNE'E 1714.

ANNE'E 1715.

ANNE'E 1716.

ANNE'E 1717.

ORDRE POUR PLACER LES FIGURES
de ce troisiéme Volume.

PRIVILEGE GENERAL.

LOUIS PAR LA GRACE DE DIEU ROI DE FRANCE ET DE NAVARRE: A nos amés & feaux Confeillers les gens tenans nos Cours de Parlement, Maîtres des Requêtes ordinaires de notre Hôtel, Grand Confeil, Prevôt de Paris, Baillifs, Sénéchaux, leurs Lieutenans Civils, & autres nos Jufticiers qu'il appartiendra, SALUT. Notre ACADEMIE ROYALE DES SCIENCES, Nous a très-humblement fait expofer, que depuis qu'il nous a plû lui donner par un Réglement nouveau de nouvelles marques de notre affection, Elle s'eft appliquée avec plus de foin à cultiver les Sciences qui font l'objet de fes exercices, enforte qu'outre les Ouvrages qu'Elle a déja donnés au Public, elle feroit en état d'en produire encore d'autres, s'il nous plaifoit lui accorder de nouvelles Lettres de Privilege, attendu que celles que nous lui avons accordées en date du fix Avril mil fix cent quatre-vingt-dix-neuf, n'ayant point eu de tems limité, ont été déclarées nulles par un Arrêt de notre Confeil d'Etat du treize Août mil fept cent treize, celles de mil fept cent quatre, & celles de mil fept cent dix-fept, étant auffi expirées; & defirant donner à notredite Académie en corps, & en particulier, & à chacun de ceux qui la compofent, toutes les facilités & les moyens qui peuvent contribuer à rendre leurs travaux utiles au Public; Nous avons permis & permettons par ces Préfentes, à notredite Académie, de faire imprimer, vendre ou débiter, dans tous les lieux de notre obéïffance, par tel Imprimeur ou Libraire qu'Elle voudra choifir, *Toutes les Recherches, ou Obfervations journalieres, ou Relations annuelles de tout ce qui aura été fait dans les Affemblées de notredite Académie Royale des Sciences; comme auffi les Ouvrages, Mémoires, ou Traités de chacun des particuliers qui la compofent; & généralement tout ce que ladite Académie jugera à propos de faire paroître, après avoir fait examiner lefdits Ouvrages, & jugé qu'ils font dignes de l'impreffion;* & ce pendant le tems & efpace de QUINZE ANNE'ES confecutives à compter du jour de la date defdites Préfentes. Faifons défenfes à toutes fortes de perfonnes, de quelque qualité & condition qu'elles foient, d'en introduire d'impreffion étrangére dans aucun lieu de notre obéïffance; comme auffi à tous Imprimeurs, Libraires, & autres d'imprimer ou faire imprimer, vendre, faire vendre, débiter, ni contrefaire aucuns defdits Ouvrages ci-deffus fpecifiés, en tout ni en partie, ni d'en faire aucuns Extraits, fous quelque prétexte que ce foit, d'augmentation, correction, changement de titre, feuilles

en leur *nom*, soit qu'ils s'en disent les *Auteurs ou autrement*, & à la charge
de fournir les Exemplaires prescrits par l'*Art. CVIII. du même Reglement.*
A Paris le 1 5. *Novembre* 1734. G. MARTIN, Syndic.

L'Académie Royale des Sciences a cedé aux Sieurs G. Martin, Coignard fils, & Guerin,
l'aîné, Libraires à Paris, la joüissance du Privilege général par elle obtenu le 12. Novembre
de la présente année 1734. pour les *Histoires & Mémoires de ladite Académie*, depuis son éta-
blissement en 1666. jusques & compris l'année 1710. avec les *Tables du Recueil* entier de l'*Académie*; comme aussi pour le RECUEIL DES MACHINES APPROUVE'ES PAR LADITE ACADEMIE; le tout
conformément aux Déliberations, & ainsi que lesdits Sieurs en ont joüi en vertu du précédent
Privilege. Fait à Paris le 10. Novembre 1734.

Signé, FONTENELLE, Secretaire perpetuel
de l'Académie Royale des Sciences.

Regiftré fur le *Regiftre VIII*. de la *Communauté des Libraires & Imprimeurs de Paris*, page
978. conformément aux Reglemens, & notamment à l'*Arrêt du Confeil* du 13. *Août* 1703.
A Paris le vingt Novembre mil fept cent trente-quatre.

G. MARTIN,
Syndic.

même séparées, ou autrement, sans la permission expresse & par écrit de notredite Académie, ou de ceux qui auront droit d'Elle, & ses ayans-cause, à peine de confiscation des Exemplaires contrefaits, de *Dix mille livres d'amende* contre chacun des contrevenans, dont un tiers à Nous, un tiers à l'Hôtel-Dieu de Paris, l'autre tiers au Dénonciateur; & de tous dépens, dommages & intérêts; à la charge que ces Présentes seront enregistrées tout au long sur le Régistre de la Communauté des Libraires & Imprimeurs de Paris, dans trois mois de la date d'icelles; que l'impression desdits ouvrages sera faite dans notre Royaume, & non ailleurs; & que notredite Académie se conformera en tout aux Régle-mens de la Librairie; & notamment à celui du dixiéme Avril mil sept cent vingt-cinq; & qu'avant que de les exposer en vente, les Ma-nuscrits ou Imprimés qui auront servi de Copie à l'impression desd. Ou-vrages, seront remis dans le même état, avec les Approbations & Certificat qui en auront été donnés ès mains de notre très-cher & féal Chevalier Garde des Sceaux de France le Sieur CHAUVELIN; & qu'il en sera ensuite remis deux Exemplaires de chacun dans notre Bibliotheque publique, un dans celle de notre Château du Louvre, & un dans celle de notredit très-cher & féal Chevalier Garde des Sceaux de France le Sieur CHAUVELIN; le tout à peine de nullité des Présentes. Du contenu desquelles vous mandons & enjoignons de faire jouir notredite Académie, ou ceux qui auront droit d'elle & ses ayans cause, pleinement & paisiblement, sans souffrir qu'il leur soit fait aucun trouble ou empêchement : Voulons que la copie desdites Présentes qui sera imprimée tout au long au commencement ou à la fin desd. Ou-vrages, soit tenuë pour dûement signifiée, & qu'aux copies collationnées par l'un de nos amés & féaux Conseillers & Secretaires, foi soit ajoûtée comme à l'Original. Commandons au premier notre Huissier ou Sergent de faire pour l'exécution d'icelles tous actes requis & nécessaires, sans demander autre permission, & nonobstant clameur de Haro, Chartre Normande & Lettres à ce contraires. CAR tel est notre plaisir. DONNE' à Fontainebleau le douziéme jour du mois de Novembre, l'an de grace mil sept cent trente-quatre; & de notre Regne le vingtiéme. Par le Roi en son Conseil. SAINSON.

Registré sur le Registre VIII. de la Chambre Royale & Syndicale des Libraires & Imprimeurs de Paris, num. 792. fol. 775. conformément au Reglement de 1723. qui fait defenses, Art. IV. à toutes personnes, de quel-que qualité & condition qu'elles soient, autres que les Libraires & Impri-meurs, de vendre, debiter & faire afficher aucuns Livres pour les vendre:

RECUEIL
DES MACHINES
APPROUVÉES
PAR L'ACADÉMIE ROYALE
DES SCIENCES.

ANNÉE 1713.

MACHINE

POUR BATTRE DES PILOTIS,

INVENTÉE

PAR M. DE CAMUS.

L E Mouton A est attaché à l'extrêmité d'une corde qui passe sur les poulies BC & va se garnir au rouleau D ; c'est dans ce rouleau, dans le levier I , & dans la maniere dont il se joint au Cabestan, que consiste tout l'Art de la Machine. Le Cabestan & le rouleau sont de même diametre & ont le même axe ; ce dernier doit être cerclé de fer avec deux ou quatre pointes de même matiere attachées au cercle EF.

Le Cabestan FG porte le levier HI, ce lévier a un talon F qui anticipe sur le rouleau , & il est attaché au

1713.
Nº. 140.

Fig. 1.

Fig. 2.

A ij

1713.

N°. 141.

Cabeftan par une charniere, de maniére que ce levier fe peut baiffer en pefant fur fon extrêmité I, & fe relever au moyen du reffort HL. Cette Machine agit en appliquant des hommes aux barres O, M, N, P, qui faifant tourner le Cabeftan font auffi tourner le rouleau, lequel eft arrêté contre le Cabeftan par le levier FI appliqué contre une des chevilles du rouleau; par confequent la corde fe garnit fur le rouleau, & le mouton eft élevé le long du montant VY. Le mouton étant à fa plus grande élevation, l'homme placé à l'endroit O de la barre, pefe fur l'extrêmité I du levier & le fait baiffer. La pointe du rouleau échappe au talon du levier qui le retenoit, & pour lors le mouton tombe & frappe fur le pilot Z, avec toute la force dont il eft capable; enfuite on laiffe échapper le levier, & le reffort H le releve & rencontre une autre cheville, qui joint de nouveau le rouleau au Cabeftan; & ainfi succeffivement. D'où il fuit que cette Machine peut travailler fans perte de tems & frapper dix coups contre deux de là Machine où l'on eft obligé d'accrocher les moutons. Les oreilles T, S, fervent pour diriger le mouton le long du montant VY.

FIG. III.   La Figure troifiéme eft le plan de la Machine.

fig. 3.

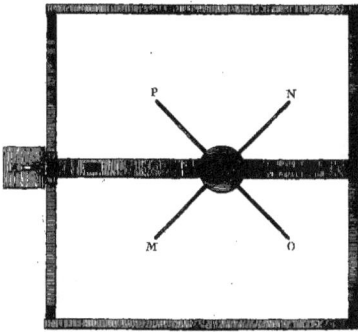

fig. 1.re

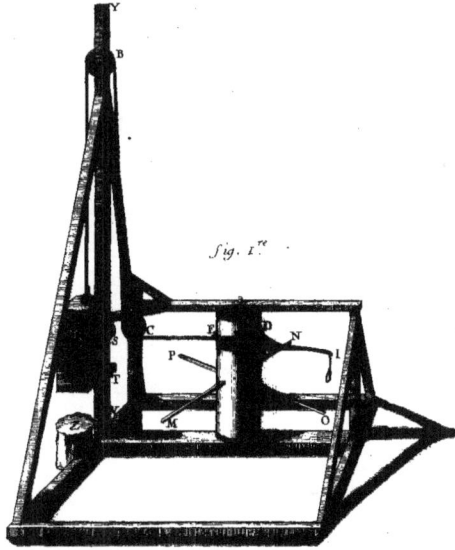

fig. 2.^e

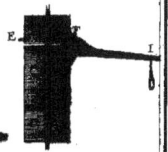

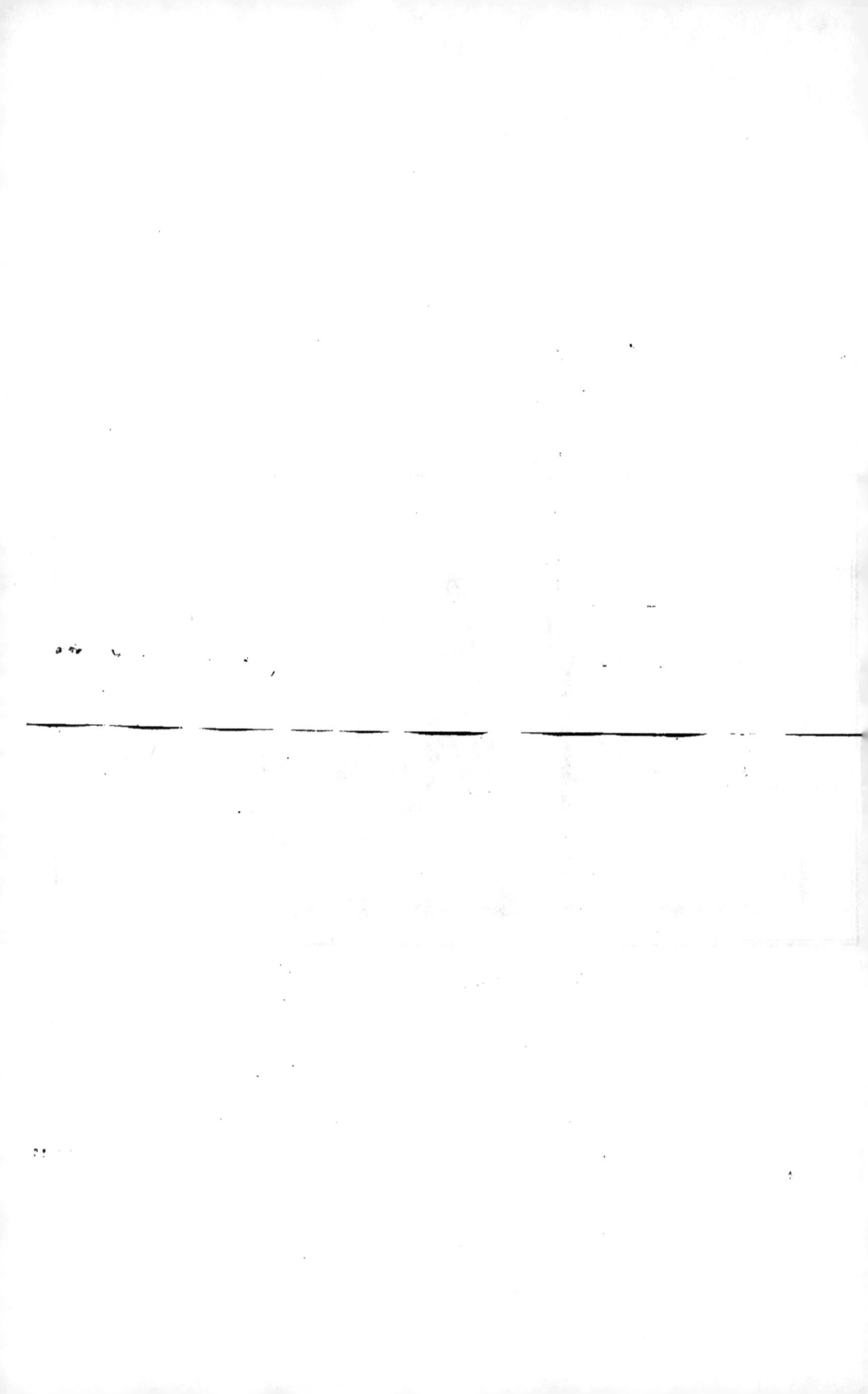

CAROSSE

INVERSABLE

INVENTÉ

PAR M. DE CAMUS.

AB eſt un coffre de Caroſſe monté ſur un train qui ne differe point de ceux dont on ſe ſert, quant à la ſuſpenſion du coffre, ſi ce n'eſt qu'en ce que aulieu de reſſorts on y ſubſtituë des étriers C, D, poſés horiſontalement dans le milieu de la hauteur du coffre. Cette maniére de ſuſpendre oblige d'élever (tant ſur l'avant-train, que ſur le train de derriére) des barres de fer D G, EF ſolidement aſſujéties par des arc-boutans de même matiére, tels que LI, enſorte que le tout enſemble ſoit capable de réſiſter & à la péſanteur & aux cahots qui ſe peuvent rencontrer.

Dans les étriers C, F on pratique des rouleaux ſur leſquels paſſe la foûpente, dont les extrêmités ſe joignent par une boucle ordinaire N. Les étriers C, D ſont attachés à vis & écrous aux montans du coffre.

L'avantage de ce Caroſſe eſt de ne point verſer, parce que la charge ſe trouvant au-deſſous de la ſuſpenſion, le fonds A qui balance toujours, détermine le coffre à tomber ſur ſa baſe, quand même les deux rouës d'un des côtés manqueroient.

Quant à la douceur de cette voiture, l'on croit qu'elle ſera inférieure à celle des Caroſſes ordinaires, parce que

1713.
N. 141.
Fig. I.

Fig. II.

A iij

les cahots se font sentir plus près des personnes qui l'occupent, joint à ce que l'on est continuellement balancé mal-
gré les courroïes attachées aux quatre coïns de la base &
fixées au train : ainsi la sûreté que l'on a de ne point verfer, se trouve un peu compensée par le moins d'uniformi-
té de la voiture.

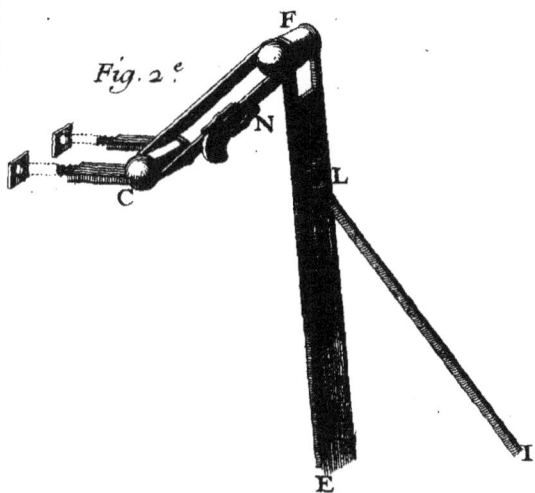

Fig. 2.ᵉ

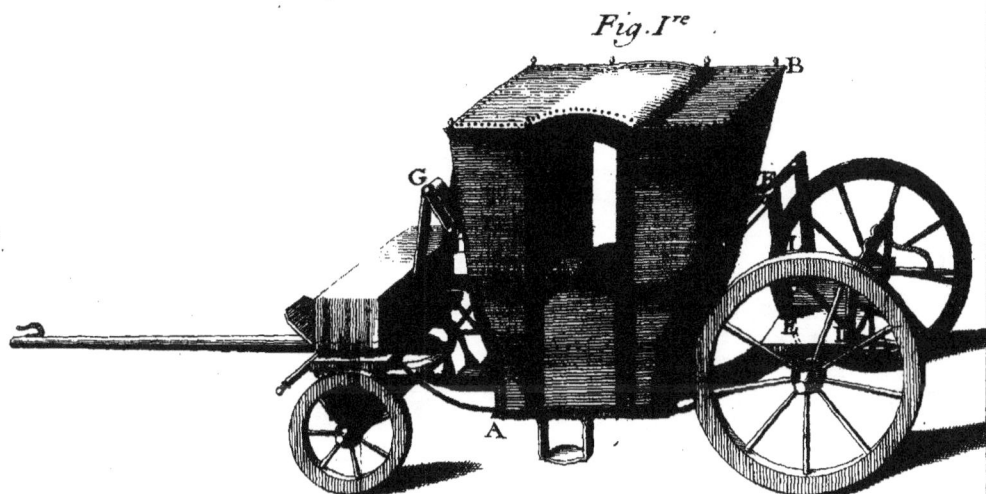

Fig. Iʳᵉ

N.ᵒ 141.

Herisset Sculp.

TRAINEAU
DE NOUVELLE CONSTRUCTION
INVENTÉ
PAR M. D'HERMAND,
AVEC UN MOYEN
DE DIMINUER LES FROTEMENS
DANS LES MACHINES.

LES frotemens font un obstacle à l'exécution des Machines même les plus simples. Pour y remédier, on a fait différentes épreuves après lesquelles on n'a rien trouvé de mieux que les rouleaux ou cylindres ; ce que l'on concevra par ce qui suit.

1713.
No. 142.

Tout corps en équilibre porté à plomb fur une ligne droite (fuppofée infléxible) perpendiculaire à un plan horifontal, eft plus aifé à être mû, c'eft-à-dire, à fortir d'équilibre, qu'en toute autre fituation.

Par exemple, le corps EF étant porté fur la ligne DC, perpendiculaire à AB, fi ce corps eft en équilibre, il reftera en cet état jufqu'à ce que le moindre effort, comme pourroit être l'agitation de l'air, l'en faffe fortir.

FIG. 1.

Si DC eft le diametre d'un cercle DGCH, cette ligne foutiendra pareillement le corps E, ce cercle fera capa-

FIG. 2.

1713.
Nº. 143.

ble d'un mouvement libre de quelque côté qu'il foit pouffé. En ce cas le corps EF a fa bafe parallelle à AB, & par
conféquent ces deux lignes feront tangentes au cercle : le
cercle étant confidéré comme une infinité de diametres, qui dans le mouvement du cercle fe fuccédent
les uns aux autres, & foutiennent alternativement la perpendiculaire CD ; mais le corps EF n'étant foutenu que
fur un rouleau, ne pourroit fe mouvoir fans tomber ; il faut
donc confidérer le corps AD porté fur les diametres BF,

Fig. III.   CG, & ces deux cercles ayant leurs mouvemens libres,
prouver que le chemin que fait le corps AD, eft double de celui que décrivent les centres P, Q.

L'on fuppofe la ligne AB égale à la demie circonférence BHF & FG égale à BIF, fi les deux cercles rou-
lent vers M, il eft clair que lorfque le point B fera en G,
le point F fe trouvera en C, & la ligne AB ayant fuivi la
demie circonférence BHF qui lui eft égale, le point A
fe trouvera comme F au point C, & le centre P, au point
Q. Les lignes BC, PQ étant égales chacune à FG, &
FG étant égale à AB il fe trouvera que la ligne AC fera
double de PQ, donc le point A a fait un chemin double
de celui qu'a fait le centre P.

L'on démontre pourquoi cela fe fait ainfi. Il y a deux
mouvemens qui portent A en C, égaux chacun au mouvement qui porte P en Q. Celui qui fe fait par la demie circonférence BIG en fe développant fur FG fon égale, &
celui qui fe fait fur le demi cercle BHF, dont chaque
point emporte vers D fon correfpondant de la ligne AB
fon égale. L'on fuppofe que ces deux mouvemens qui
concourent à un même effet fe faffent l'un fans l'autre, &
pour cela on imagine que pendant que la demie circonférence BIF fe développe fur FG, le point A ait fuivi
fucceffivement l'extrêmité de chaque diametre, qui dans
ce mouvement fe fera trouvé perpendiculaire à FG ; lorfque le point B fe fera trouvé en G, le point A fe fera
trouvé

ouvé en B, & aura fait autant de chemin que le centre
*, puifque A & P ont décrit deux lignes égales. Confi-
érant maintenant enfemble les deux mouvemens qui
ont parcourir à A une ligne double de celle que parcourt
*, le demi cercle BIF en fe développant fur FG fait par-
ourir à A la moitié du chemin qu'il doit faire, qui eft égal
PQ, pendant que la demie circonférence BHF dans fon
développement lui en fait faire autant. Donc il y a deux
mouvemens égaux chacun à celui du centre P, qui fe faifant en même-tems par les développemens des deux de-
mies circonférences BHF, BIF donnent au point A une
viteffe double de celle de P & lui font conféquemment parcourir un double efpace.

Il en fera de même fi l'on met plufieurs cercles fous la
ligne AD que nous regarderons maintenant comme un
corps folide, & les cercles comme des cylindres.

Dans l'ufage ordinaire des rouleaux placés fous un fardeau que l'on veut attirer, l'on fçait que ces rouleaux ne
fe maintiennent paralleles que très-difficilement pendant
leur mouvement, quelques foins que l'on y apporte. Pour remédier à cet inconvenient, on attache à leur centre des pivots ou boulons qui font joints aux extrémités par une chape, ce qui les entretient toujours paralleles, comme on le
voit dans la quatriéme Figure. Outre l'inconvenient ci-
deffus il s'en trouve encore d'autres.

1°. On ne peut mettre que 2, 3, ou 4 rouleaux deffous le
Traineau ordinaire, ce qui eft caufe que le fardeau ne portant que fur un petit nombre de rouleaux, preffe en raifon
de fon poids; & fi ce poids eft confidérable, la matiere
des rouleaux, qui n'eft que de bois, fe trouvant trop foible s'écrafe, & ces rouleaux deviennent ovales, & par
conféquent ont une difficulté très-fenfible à rouler.

Si l'on fuppofe au contraire que ces rouleaux foient
d'une matiere plus dure que le Traineau, pour lors ils
s'enfonceront dans les parties du Traineau où ils touchent

1713.
N°. 143.

FIG. IV.

FIG. V.

FIG. VI.

1713.
No. 142.

& y formeront des cavités ; pour le dégager il faudra ne-
cessairement que le fardeau s'éleve , & c'est ce qui fait
qu'il faut y employer une puissance proportionnée à toutes
ces résistances.

2°. Lorsque le Traineau avance il faut des Ouvriers
pour prendre les rouleaux de derriere & les porter devant.

3°. Il faut encore observer que les rouleaux soient toujours paralleles entre eux & ne se touchent pas sous le
Traineau , autrement ils feroient un frotement les uns
contre les autres & ne rouleroient que très-difficilement ,
ou s'ils étoient obliques , le fardeau iroit à droite ou a gauche & seroit en danger de tomber.

FIG. VII.
& VIII.

Dans le Traineau que M. d'Hennand a imaginé ces inconveniens sont supprimés. Ce Traineau est composé de
deux chassis posés l'un sur l'autre & paralleles entre eux.
Ces chassis sont solidement liés & maintenus dans cette situation , par le moyen de plusieurs petits montans emmor-
taisés dans les longs côtés de ces chassis , de maniere que
le chassis supérieur est élevé d'une certaine quantité au-
dessus du chassis inférieur. Les traverses de ce dernier qui
vont suivant la largeur du Traineau sont autant de cylindres fixés aux deux longs côtés : quant au chassis supérieur sur lequel on met le fardeau , il est lié par des traverses quarrées revêtuës d'un plancher. Dans l'intervale que
les chassis laissent entre eux, passe un chapelet de rouleaux

FIG. VIII.

VXYZ liés ensemble par leurs extrémités , comme il a
été dit dans la quatriéme figure , c'est-à-dire , par des chapes qui leurs permettent de tourner librement sur leurs
pivots : de sorte qu'en tirant le Traineau ce chapelet circule autour du chassis inférieur , sur les cylindres qui servent de traverses à ce chassis.

Il est évident que par le grand nombre de rouleaux
employés à ce Traineau , le fardeau se trouve bien partagé , & chacun n'en porte qu'une fort petite quantité. Ce

chapelet ne fait point d'effort fenfible, il n'a que le poids des chapes & des boulons à foutenir, & fon effort n'eft que de lever un rouleau à la fois, lequel eft auffi-tôt aidé par celui qui lui.eft oppofé qui tend à defcendre; enfin il eft toujours dans une même action.

Par cette conftruction le fardeau eft toujours porté également dans toutes fes parties; il ne pourra pancher ni caufer les accidens qui arrivent aux Traineaux ordinaires, & la manœuvre en fera plus aifée. Pour que tous ces avantages ayent lieu, il faudra obferver deux chofes.

1°. Que les rouleaux foient tous du même diametre & bien liés par leurs extrémités, en leur laiffant toujours la liberté de tourner fur eux-mêmes.

2°. De ne fe fervir de ce Traineau que fur un terrain parfaitement uni & folide, afin que les rouleaux portent dans toutes leurs parties; car s'il arrivoit qu'ils portaffent à faux, ils cafferoient néceffairement, & un feul de manque fuffit pour empêcher la machine d'aller. Quand on fe rencontrera dans un tournant il faudra tourner de fort loin, autrement fi l'on tournoit de court les rouleaux feroient pareillement fujets à fe rompre.

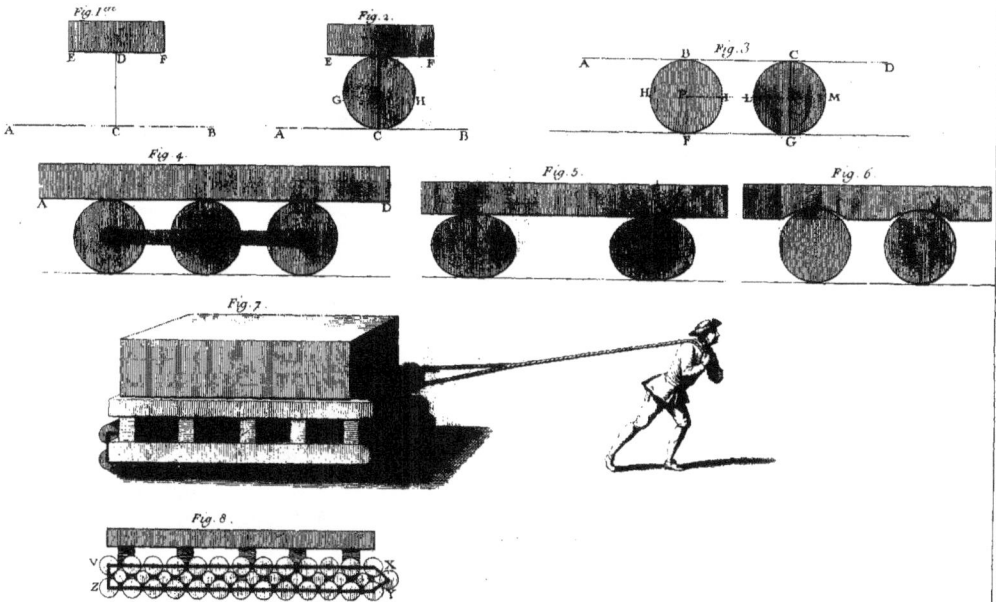

Traineau.

Fig. I.ᵉʳᵉ Fig. 2. Fig. 3.

Fig. 4. Fig. 5. Fig. 6.

Fig. 7.

Fig. 8.

N° 142

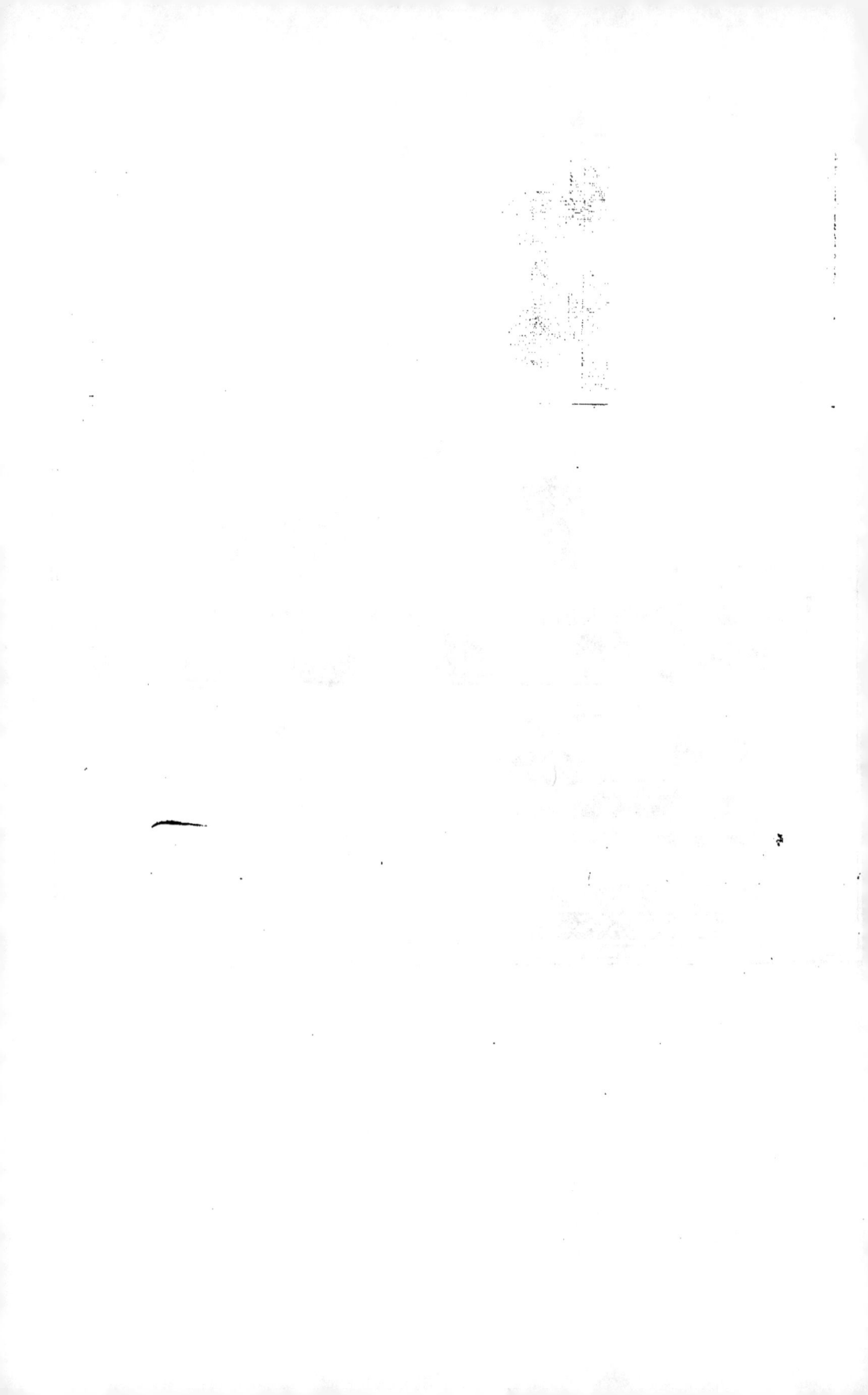

❊❊❊ ❊❊❊ ❊❊❊ ❊❊❊ ❊❊❊ ❊❊❊ ❊❊❊ ❊❊❊ ❊❊❊ ❊❊❊

PONT FLOTTANT

INVENTÉ

PAR M. DE CAMUS.

CE Pont eſt compoſé de pluſieurs travées, telles que ABCD, EFGH ; chaque travée eſt formée par cinq ou ſix coffres 1, 2, 3, 4, 5, & chaque coffre IL eſt de ſix pieds de long ſur un pied en quarré ; aux extrémités IL ſont des écrous, dont l'uſage ſera expliqué.

1713.
No. 143.
PLANCHE
I.

Ce coffre étant découvert de ſon deſſus IL & d'un de ſes côtés, l'on voit que l'intérieur MN eſt ſéparé par pluſieurs cloiſons, qui forment autant de cellules. Ces cloiſons doivent être bien jointes & calfatées, ſi cela ſe peut, tout autour des quatre planches qui forment le coffre, afin que ſi le coffre venoit à être crevé dans quelqu'une de ſes parties, l'eau qui entreroit dans l'une des cellules, ne communiquât pas dans les autres. Ce coffre étant revêtu & remis dans ſon état naturel, on en préparera pluſieurs de cette eſpece. Un plat-bord OP percé d'autant de trous qu'il y a de coffres, ſert à les aſſembler au moyen des écrous qui entrent dans des trous pratiqués dans le plat-bord. Ces trous ſont garnis extérieurement de plaques de même matiere que les vis. Un autre plat-bord ſemblable à celui-ci, ſert à aſſujétir les extrémités oppoſées des coffres. Les écrous qui ont autant de hauteur que le plat-bord a d'épaiſſeur, étant dans les trous, on y fait entrer les vis RR, &c. qui appuyent fortement ſur les plaques qui environnent les mêmes ouvertures ; & les écrous n'excédant point le plat-bord, les vis affujétiffent ces pieces, de maniere qu'il n'y a aucun balotage , & le tout devient très-folide & forme la travée.

L'affemblage des travées fe fait de même que celles des coffres par vis & écrous , c'eft-à-dire , que le bout de chaque partie du plat-bord comme SD , eft fait en feüillure de la moitié de fon épaiffeur , le plat-bord FH a auffi une feüillure FV de la même quantité , pour lors ces deux parties étant jointes l'une fur l'autre les écrous des deux derniers coffres TT les joignent enfemble & font fixés par les vis RR qui pendent à des cordons. Il en eft de même du côté oppofé à celui-ci , & de toutes les travées dont on veut former le Pont.

Il fera bon que les vis & les écrous foient de cuivre , afin d'éviter la roüille.

Les parties qui compofent chaque coffre , peuvent être affemblées par des crochets , afin de pouvoir être démontées & pliées en faiffeau pour la commodité du tranfport. Ce pont a été exécuté à Berci en 1710. & à l'occafion de celui de M. d'Hermand qui va être décrit No. 145. l'Académie nomma des Commiffaires qui vérifiérent qu'en effet celui de M. d'Hermand n'avoit été exécuté qu'après celui-ci.

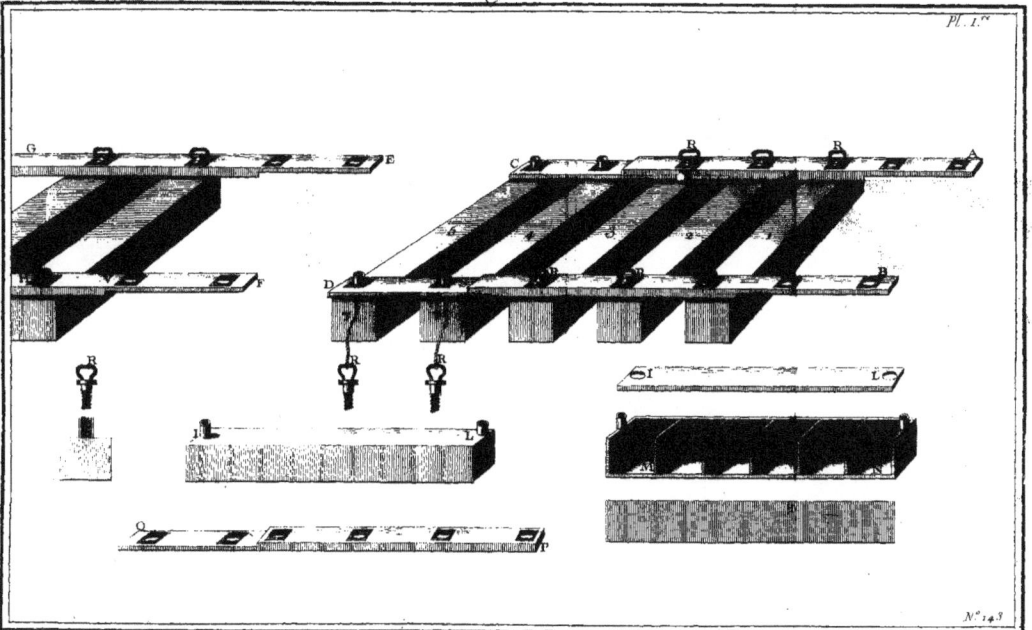

Herisset Sculp.

PONT FLOTTANT

PERFECTIONNÉ

PAR M. DE CAMUS.

MOnfieur De Camus préfenta à l'Académie le Pont que nous venons de décrire perfectionné ; chaque travée comme ABCD eft compofée de coffres femblables à ceux qui forment le pont décrit ci - devant. Ces coffres font ici plus près les uns des autres & font affemblés à charniere par leurs bords fupérieurs de diftance en dif-rance , c'eft-à-dire, que les quatre coffres D , E , F , G font affujétis par des charnieres ; mais le cinquiéme & le fixiéme H , I , fe fixent par un plat-bord abfolument con-forme à celui dont on vient de parler, & cela afin de pou-voir féparer la travée en deux parties, fi l'on trouvoit que ces 9. coffres affemblés donnaffent trop de difficulté à tranfporter, étant pliés en faiffeau comme la figure LMNO, le fait voir.

1713. N°. 144. PLANCHE II.

Pour mettre les vis , les écrous & les charnieres à cou-vert de la roüille , l'Auteur propofe de les faire de cuivre.

Ayant donc plufieurs travées ainfi préparées & pliées , il ne s'agira que d'en tranfporter autant que l'on en jugera néceffaire , dans le logement d'où l'on voudra le jetter, l'on trouvera tout d'un coup plus de 10. pieds de pont déja tout formé , & les grands foffés n'ayant de largeur qu'en-viron douze fois cette longueur. Il s'enfuivra que douze travées fuffiront pour le paffer. Il eft clair que par cet afsemblage, le tems employé à jetter les premiers ponts, se trouve ici considérablement diminué, & que chaque coffre ayant la facilité de se plier aux endroits assemblés, devient très-propre à être employé dans des lieux escarpés.

PONT

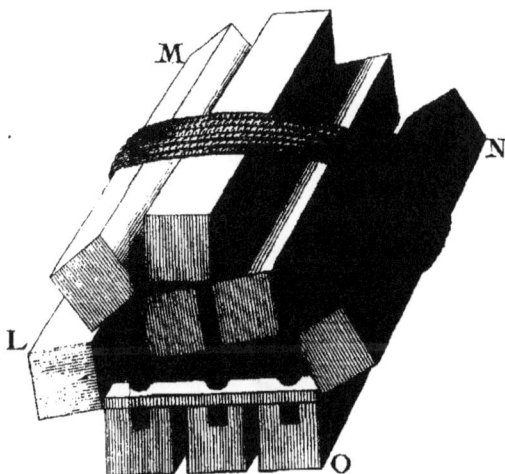

N.º 144.

Dheulland Sculp.

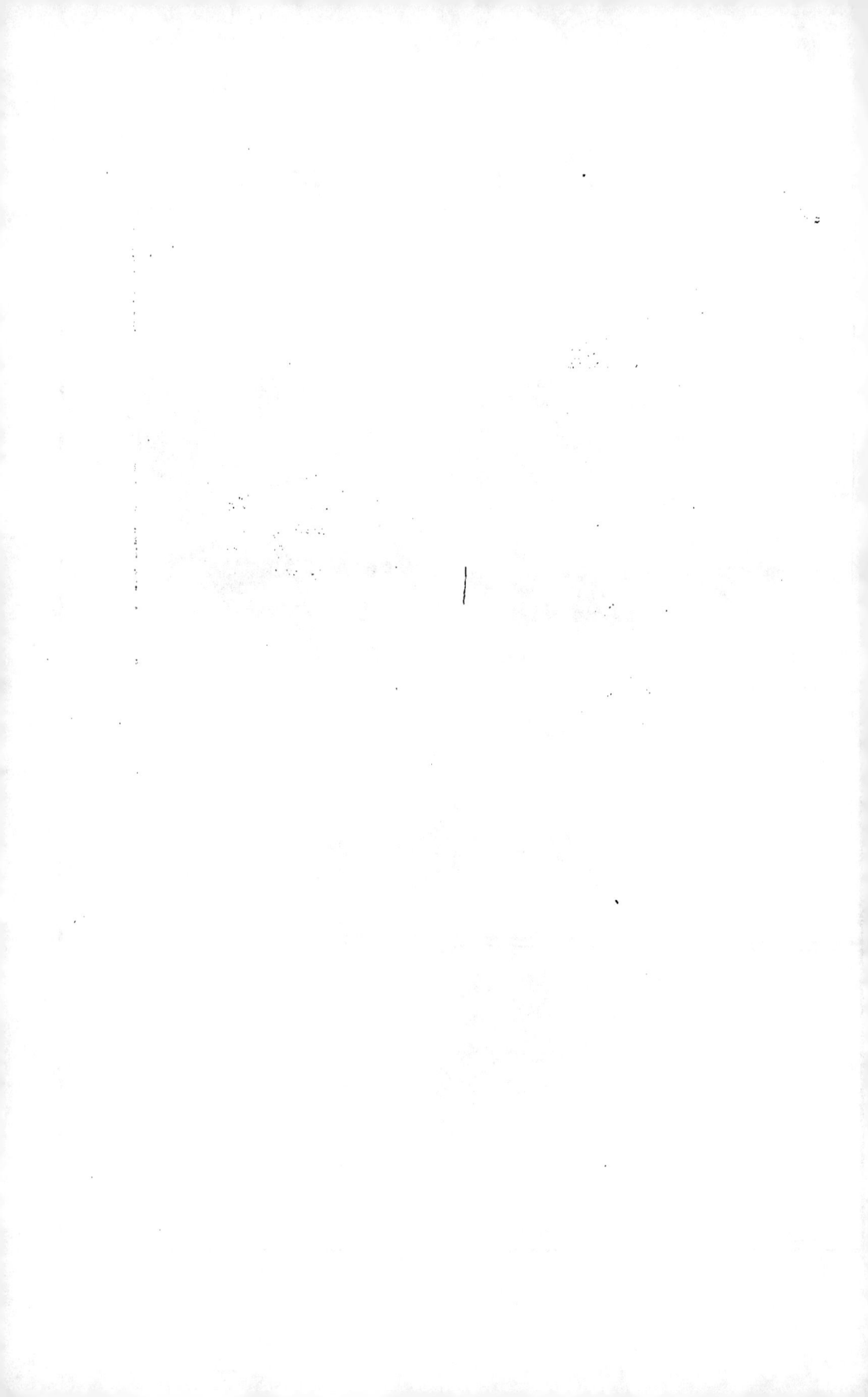

PONT FLOTTANT

PAR M. D'HERMAN.

1713.
N°. 145.

CE Pont ne diffère du précédent, qu'en ce que l'on fub-ftituë à la place des vis & écrous, des coins & des mortaifes : les travées de celui-ci ne font compofées que de 3 ou 4 coffres tels que AB, CD, EF, au lieu de 5 que M. De Camus employe dans le fien.

La partie du Pont IL eft armée de longues pointes de fer qui arcboutent au côté oppofé à celui d'où l'on le jette. On attache encore à cette extrémité plufieurs cordes qui fervent à le diriger & à le faire réfifter à un courant , s'il y en a à l'endroit où l'on veut s'en fervir. A mefure que ce Pont s'augmente on le couvre de planches, ce que l'on peut voir par le plan ILMN , où l'on a marqué les pas des hommes ; de maniere que fur une longueur de 6 pieds de coffre qui font la largeur du Pont , trois hommes peu-vent aller de front.

Quant à l'intérieur du coffre OP , de même que l'exté-rieur QR , c'eft la même chofe que dans le Pont qui vient d'être décrit, fi ce n'eft que les extrémités de celui-ci font garnies de deux oreilles , dans lefquelles on pratique des ou-vertures qui s'affemblent à des tenons ou languetes faites au plat-bord GH, où on les arrête par un coin de bois de noyer, que l'on peut enfoncer d'un coup de main feulement ; ce qui fe fait fans le bruit que l'on prétendoit que l'enfoncement de ces coins eût pu caufer : ces mêmes coins font attachés au

1713.

N°. 145.

plat-bord par une petite corde. Voici une application de ce Pont à un fossé proposé à traverser.

Soit le fossé ST, la bréche TV étant faite & le logement de la contrescarpe SX, étant ouvert, on apportera plusieurs travées avec le moins de bruit qu'il sera possible ; on attachera à chaque côté du Pont aux endroits IL une corde qui soit assez longue pour traverser toute la largeur du fossé, ensuite on fera passer cette travée la premiere : on en joindra une seconde, une troisiéme, &c. comme il est représenté dans le logement SX par la travée YZ que l'on arrête par le coin W, ainsi de suite jusqu'à ce que l'on soit parvenu à l'escarpe du fossé, toujours en dirigeant cet assemblage par les cordes attachées à son extrémité, & que l'on retient par les autres bouts au logement d'où on le jette. Cette manœuvre se peut faire en très-peu de tems ; & M. D'herman l'a fait monter en présence du feu Roi sur le canal de Versailles, en 10 minutes 35″ de tems, après quoi les Gardes Françoises & Suisses défilérent dessus à 4 de hauteur.

Lorsque M. D'herman présenta ce Pont, M. De Camus prétendit en être l'Auteur, & allegua qu'il y avoit quelques années qu'il avoit fait un Pont de cette espéce à Berci chez M. d'Onsembrai. L'Académie envoya des Commissaires à Berci, & ils y verifiérent qu'en effet le Pont de M. De Camus y étoit depuis 1710. M. D'herman ne disputa point à M. De Camus la premiere Invention ; mais il assura simplement qu'il n'en avoit rien sçû.

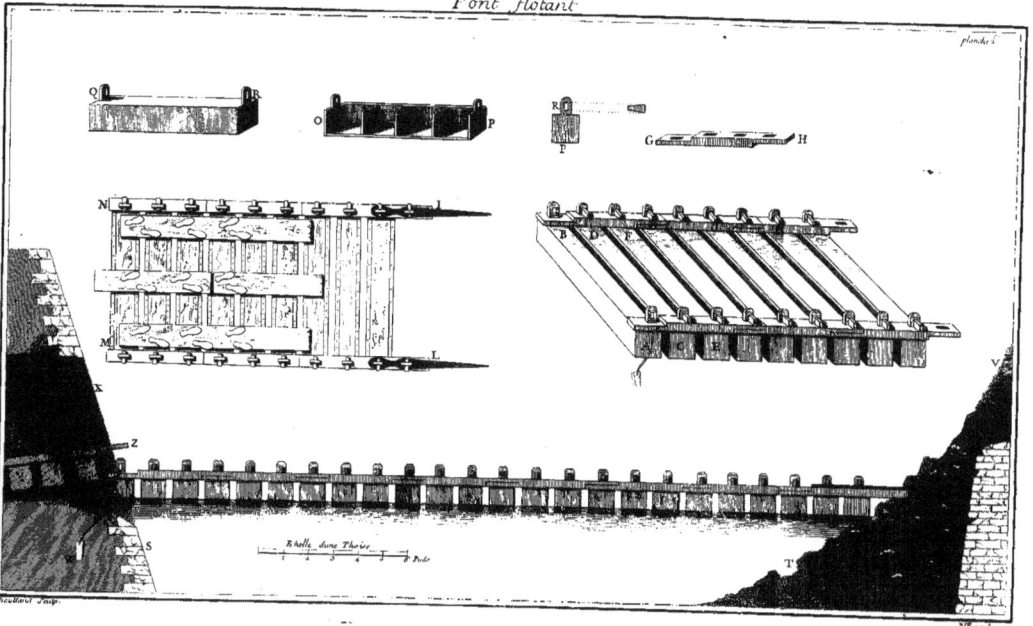

Echelle d'une Thoise

P. Pieds

RECUEIL

DES MACHINES

APPROUVÉES

PAR L'ACADÉMIE ROYALE

DES SCIENCES.

ANNÉE 1714.

PENDULE

QUI MARQUE LE TEMS VRAI,

INVENTÉE

PAR M. LE BON, HORLOGEUR.

QUOIQUE cette Pendule ait plusieurs propriétés, on ne parlera ici que des Machines employées
à lui faire marquer le tems vrai, parce que la plûpart des
choses qu'elle montre sont déja connuës dans plusieurs
Pendules qui l'ont précédée.

1714.
No. 146.

Le cadran AB est divisé à l'ordinaire pour le tems
moyen en heures & minutes qui sont marquées par les
éguilles CD ; un second cercle de minutes EF mobile
autour du premier, sert à faire voir les minutes du tems
vrai au moyen de la même éguille D qui excéde sur les
deux cercles de minutes.

La fausse plaque, c'est-à-dire le cadran étant supposé
renversé, voici la Mécanique qui fait mouvoir le cercle
des minutes mobiles EF. GH est ce même cercle auquel
est attaché le pignon I. Ce pignon & par conséquent le
cercle est mené par un rateau KLM mobile au bout du
point L, & dont le bras LM est incessamment poussé par
un ressort N contre la circonférence dentée en rochet de
la courbe OP qui est la courbe d'équation dont les dents.

1714.
N°. 146.

font au nombre de 360. Cette courbe eſt fixée ſur une roüe QR taillée auſſi en rochet, & qui a le même nombre de dents que la courbe, c'eſt-à-dire, 360. Ce rochet eſt retenu par un cliquet Z, pouſſé par un reſſort. Une ſeconde roüe dentée S qui fait ſon tour en 24 heures, menée par le pignon T, fait mouvoir le rochet QR & la courbe OP qui lui eſt fermement attachée par le moyen d'une cheville V fixée ſur la roüe S, & qui attrape tous les jours à minuit un des crans du rochet en le faiſant circuler de droite à gauche. Il eſt clair que le bras LM étant pouſſé ſur les bords de la courbe, l'autre extrémité LK à laquelle eſt le rateau, fera mouvoir le cercle en le faiſant tantôt avancer & tantôt retrograder ſuivant les irrégularités de la même courbe, & que de-là les minutes du tems vrai ſeront marquées par le cercle GH, ou EF, pendant que ſur le cadran AB les minutes du tems moyen ſe trouveront auſſi marquées par la même éguille; d'où il s'enſuivra qu'on aura à tout moment la différence de l'heure moyenne d'avec l'heure vraye. Par exemple l'on voit ſur le cadran qu'il eſt 5 heures juſte au tems moyen, & que la même éguille des minutes qui ſe trouve ſur 60 ne marque que 55 ſur le cercle des minutes du tems vrai; par conſéquent il n'eſt que 4ʰ 55ᵐ au tems vrai. La différence eſt donc de 5ᵐ.

Outre les minutes du tems vrai, l'Inventeur y joint auſſi un petit cadran de ſecondes ſur lequel l'on voit la différence des ſecondes vrayes d'avec les ſecondes moyennes ou du tems moyen qui ſe trouvent ſur un ſecond petit cadran diſpoſé à côté du premier, tous deux compris dans l'intérieur du cercle des heures.

De toutes les Pendules d'équation & des manieres dont on applique la courbe, celle-ci eſt une des plus ſimples; car le centre de mouvement du rateau ſe trouvant dans le milieu de ſa longueur, l'on eſt ſûr que le cercle des minutes fera un chemin proportionné aux inégalités de la courbe.

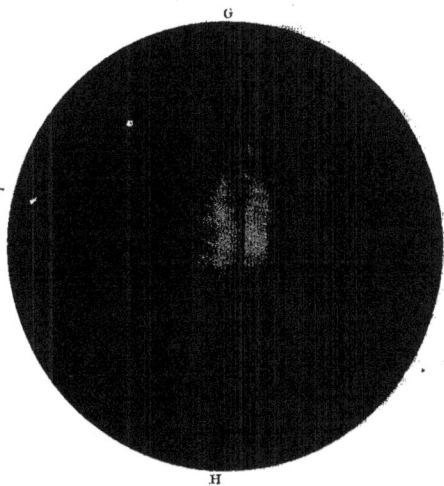

REMONTOIR

DE PENDULE

APPLIQUÉ A LA PENDULE

DE M. LE BON, HORLOGEUR.

1714.
No. 147.

LA propriété de cette machine eſt de faire remonter le mouvement d'une Pendule par la ſonnerie, de maniere qu'à toutes les heures, le mouvement eſt remonté, ce qui s'exécute en cette ſorte.

AB eſt un levier dont le centre de rotation eſt A : à l'extrémité B eſt ſuſpendu un poids P : ce lévier porte à peu près dans ſon milieu une rouë D qui tourne librement ſur elle-même : cette rouë engrêne d'un côté dans un pignon L fixé au centre de la rouë de compte E, & de l'autre dans un ſecond pignon H fixé au centre de la rouë du mouvement C, qui eſt remonté de la maniere ſuivante.

La détente de la ſonnerie étant levée, il eſt clair que la rouë de compte E tournera & entraînera avec elle le pignon L; ce pignon qui engrêne dans la rouë D, qui pour lors a ſon point d'appui dans le pignon H, élevera neceſſairement le lévier qui parcourra ſuivant l'arc zy un chemin proportionné à celui de la rouë de compte. Ce lévier & la rouë de renvoi D étant élevés, le point d'appui change; car le pignon L ne pouvant plus tourner, puiſ-

1714.
N°. 147.

que la fonnerie ne marche plus, le poids qui tend toujours à defcendre, oblige la rouë D de tourner en faifant tourner auffi le pignon H & tout le mouvement qui correfpond à la rouë C. Comme cette machine peut remonter à tous les quarts, il s'enfuit qu'elle ne peut ceffer de faire aller le mouvement. On ne s'arrêtera point à la faute que le Graveur a faite ici en partageant la rouë de compte dans des diftances égales, toutes les ouvertures dans lefquelles la détente doit entrer doivent être dans des efpaces proportionnés aux heures, c'eft-à-dire que la diftance de 11^h à 12^h doit être la plus grande, & la diftance de 12^h à à 1^h heure la plus petite, ce font auffi les tems ou le Remontoir fait le plus & le moins de chemin.

Indépendemment de la Pendule précédente, cette invention eft exécutée dans plufieurs Pendules de M. le Bon, telle que celle de la Salle de l'Académie & autres qu'il a faites; & cette maniere eft par-tout exécutée avec fuccès.

INVENTIONS

INVENTIONS

POUR ABAISSER DES FARDEAUX

PAR LE P. RESSIN, DE L'ORATOIRE.

1714.
N°. 148.

L'ON fuppofe ici qu'il faille defcendre des facs de grain d'un grenier qui eft à un quatriéme étage : on placera une poulie P à l'ordinaire au haut de la fenêtre. Sur cette poulie paffera une corde dont un des bouts portera un crochet C & l'autre une petite cuve ou feau D. A côté de la fenêtre on placera un entonnoir A qui entrera dans un tuyau ST de fer-blanc ou d'autre matiere capable de fe foutenir & de regner dans toute la hauteur de la maifon. Ce tuyau fe dégorgera dans une grande cuve M qui fera fur le pavé. Ce préparatif fait, & le feau D fuppofé à côté de la grande cuve M pleine d'eau, lorfque l'on voudra defcendre un fac, on l'attachera dans le grenier à l'extrémité C de la corde. Pendant ce tems on remplira en bas le feau qui eft à l'autre bout de la corde, après quoi on pouffera le fac hors de la fenêtre, qui defcendra aifément jufques dans la charette, le feau lui fervant de contrepoids. Lorfque le feau fera arrivé à la fenêtre, on le vuidera dans l'entonnoir A, & l'eau fe rendra dans la cuve par le tuyau TS ; alors on fera defcendre le feau à vuide, qui par conféquent fera remonter l'autre bout de la corde pour reprendre un autre fac, & ainfi fucceffivement.

La feconde Figure eft une application de cette Mécanique à un gruau pour conferver les matériaux dans les
démolitions ; on les marque des mêmes lettres , parce qu'il
n'y a qu'à fuppofer une pierre au lieu d'un fac de grain ,
ce qui ne change rien à la Mécanique.

Fig. 1.re

Fig. 2.

N.º 148.

Herisset Sculp.

MANIERE

D'ELEVER DES MATERIAUX

DANS LA CONSTRUCTION D'UN BASTIMENT

PAR LE P. RESSIN DE L'ORATOIRE.

L'ON suppose ici que le Bâtiment que l'on construit soit disposé de maniere que l'on puisse y conduire de l'eau dans un reservoir AB au secours d'une conduite C qui provienne d'un aqueduc, ainsi qu'il se pourroit pratiquer aux environs de S. Cloud, de Marli & de Meudon. On soudera à ce reservoir un tuyau vertical EF recourbé en FG qui rentre encore verticalement en terre & passe horisontalement dans un trou reservé aux fondations de ce mur, pour ensuite fournir de l'eau aux ajutages IK, LM : l'ajutage LM est adapté le long d'un gruau ou engin MNO, à l'extrémité O est pratiqué un robinet qui rend l'eau dans un grand baquet P, placé un peu au-dessous du niveau du reservoir : ce baquet a aussi un robinet R qui rend l'eau dans un seau S suspendu à l'extrémité d'une corde qui passe sur la poulie T du gruau ; l'autre extrémité V de cette corde tient à la pierre que l'on veut enlever. Le seau doit être, s'il se peut, d'une capacité telle que le solide d'eau qu'il contiendroit fasse équilibre avec une des grosses pierres qu'on pourroit enlever dans la construction de ce Bâtiment, pour lors il n'y

1714.

N°. 149.

D ij

1714.
N°. 149.

aura que peu de force à ajouter pour enlever ce fardeau.
Cela fuppofé, foit la pierre V propofée, le feau étant au
robinet R du baquet P on attachera la pierre, on mettra
dans ce feau autant d'eau qu'il eft neceffaire pour enlever cette pierre ou du moins pour la tenir en équilibre,
enfuite on ajoutera la force neceffaire, & on élevera fans
peine cette pierre à la hauteur du Bâtiment, où étant arrivée & pofée, on vuidera le feau qui pour lors fera tout-
à-fait en bas; ainfi l'eau que l'on employe à cet ufage va
en pure perte. On recommencera la même manœuvre
pour élever une feconde, une troifiéme pierre, &c.

L'ajutage IK peut être prolongé pour fervir à un fecond gruau, & l'on peut par ce moyen mettre beaucoup
de rameaux à une fouche qui pourra fournir à plufieurs
Machines à la fois.

La fujétion d'élever le grand refervoir, d'allonger les
tuyaux montans à mefure que le bâtiment s'éleve & que
l'on eft obligé d'élever les gruaux, font des inconveniens, qui joints à la dépenfe, font affez connoître que
cette invention ne peut avoir lieu que dans des cas bien
particuliers.

Heris. et sculp.

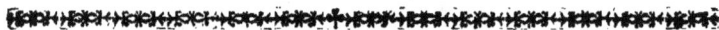

MANIERE

DE CHARGER ET DE DÉCHARGER

UN VAISSEAU,

PAR LE P. RESSIN, DE L'ORATOIRE.

POUR charger un Vaisseau on aura un grand baquet
A , suspendu par un palan frappé à l'étai du grand hu-
nier, le bout du cordage sera amaré sur le pont : aux extrémités de la grande vergue on frappera des poulies B, C,
sur lesquelles passera un cordage ; à un de ses bouts on ama-
rera encore un autre baquet D beaucoup moindre que le
premier ; à l'autre bout C sera le fardeau F que l'on veut
enlever ; le grand baquet A ayant un robinet, on remplira le petit, & pour lors en ajoutant peu de force & tirant
sur le cordage I qui tient au petit baquet on élevera sans
beaucoup de peine le fardeau, qui étant arrivé au milieu
du plat-bord on le fera entrer à l'ordinaire dans le vaisseau.

1714.
Nº. 150.

Si l'on veut ensuite le faire descendre dans le fond de
cale , il n'y aura qu'à le diriger & lâcher peu à peu le cordage I, pour lors le petit baquet remontera & servira de
contre-poids. Le baquet étant arrivé au haut de la vergue
on le vuidera dans le grand & on le retiendra à cet endroit pendant que l'on dégagera le cordage du fardeau
pour en reprendre un second.

D iij

1714.
N°. 150.

Cette invention qui devient embarraſſante, ne peut ſervir que dans un aterrage où l'on ne trouve perſonne, & que l'Equipage eſt foible; pour lors ſi le vaiſſeau fait beaucoup d'eau, & qu'il ſoit neceſſaire de le décharger, cet expédient deviendra utile.

Heriset Sculp.

N.º 153.

MANIERE

DE FACILITER LA DESCENTE D'UNE MONTAGNE

A UN CHARIOT,

INVENTÉE

PAR LE P. RESSIN, DE L'ORATOIRE.

AB eſt une montagne dont la deſcente eſt ſuppoſée
très-difficile aux voitures à cauſe de ſa roideur. Si le chemin AD, par exemple, qu'on eſt obligé de prendre pour
deſcendre, étoit abſolument trop détourné, l'on pourroit
faire deſcendre ces voitures le long de la montagne, au
moyen du puits AC pratiqué à ſon ſommet. Au-deſſus de
ce puits il y a une potence EGF ſolidement enterrée &
arcboutée de tous ſens contre le côté de ce puits, au cha-
peau de cette potence on fixe une poulie I, ſur laquelle
paſſe une corde dont une des extrémités H s'attache au
train de derriere du chariot LM; ſon autre bout N porte
une cuve O, dont la capacité doit être telle qu'elle puiſſe
contenir un poids d'eau ou de plomb capable de ſervir de
contre-poids au plus grand chariot chargé : on accrochera
donc le Chariot au ſommet de la montagne, la cuve O
ſuppoſée au fond du puits ; pour lors le Chariot tendant à
deſcendre par rapport à l'inclinaiſon de la montagne, il tire

1714.
N°. 151.

1714.
N°. 151.

après lui la cuve O dont le poids eſt moindre , & étant arrivé au bord du puits , c'eſt-à-dire ce Chariot étant tout-à-fait deſcendu , on pourroit à ſa place en accrocher un autre , dont ce même contre-poids en deſcendant dans le puits , faciliteroit d'autant la montée. Que ſi l'on ne pouvoit trouver de ſources aſſez abondantes pour fournir de l'eau dans le puits , l'on pourroit remplir une fois cette cuve & la faire ſervir long-tems.

Un tel établiſſement ne ſe pourroit faire qu'à grands frais, à quoi il faut ajouter des difficultés qui pourroient ſe trouver inſurmontables. Car 1°. il faudroit qu'un puits pour cet uſage fût auſſi profond qu'une montagne auroit de longueur. 2°. En conſtruiſant le puits , l'on pourroit trouver dans le chemin des carrieres ou des terres , qui par leur tenacité couteroient beaucoup à remuer ; outre cela il faudroit que ce puits fût revêtu de maçonnerie. 3°. Il y auroit à craindre que la corde ou ce à quoi le Chariot ſeroit attaché ne vînt à caſſer ; d'un tel accident il pourroit reſulter beaucoup de perte : enfin il paroît que les dépenſes & l'entretien ſurpaſſeroient infiniment les uſages qu'on en pourroit tirer , à moins que ce ne fût en des endroits où il faudroit faire de fort grands détours & éviter des mauvais chemins , des lacs , des marais , des terres graſſes , &c. auquel cas cette Invention pourroit être de quelque utilité.

CHARIOT

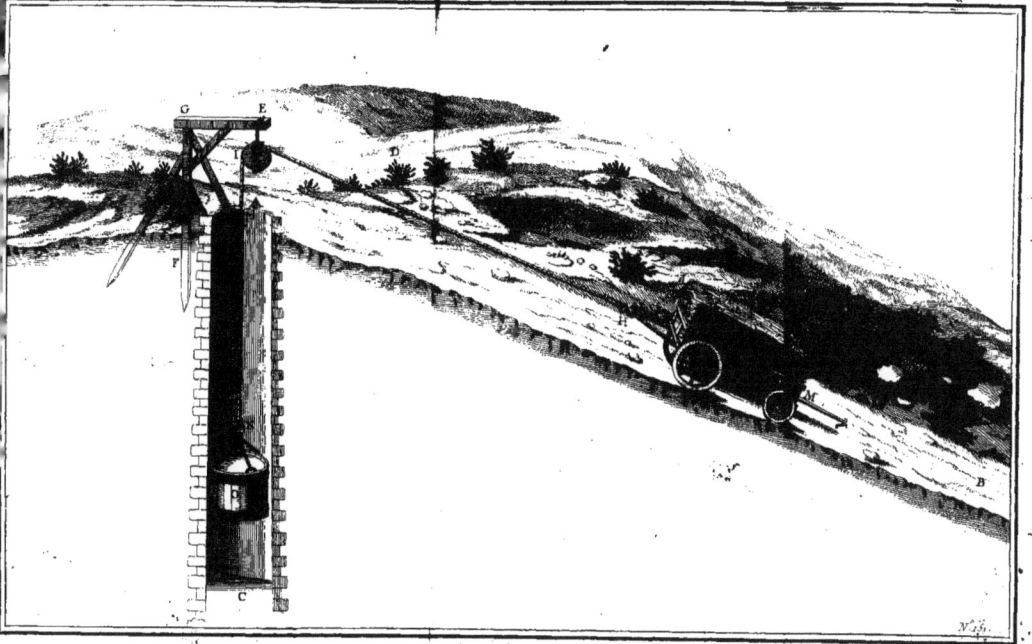

CHARIOT A VOILES,

INVENTÉ

PAR M. DU QUET.

CETTE efpece de Chariot qui va par le moyen du vent, porte fur fes côtés un batis compofé de quatre guetes, A, B, C, D fixées fur les mêmes côtés; les autres extrémités de ces guetes vont fe terminer à un tambour creux, à l'extérieur duquel eft un fecond tambour E, qui porte fur fon épaiffeur deux montans FG : ces deux tambours font emboités de maniere que le tambour extérieur qui porte les montans, fe peut mouvoir autour du tambour intérieur, afin d'orienter les voiles à tous vents. Cette maniere d'orienter fe trouve développée dans la feconde Planche où il fera parlé d'un autre Chariot inventé par le même Auteur. Les montans FG fupportent une manivelle HI; l'extrémité H eft folidement attachée dans le milieu du bras LM, auquel font garnies les voiles qui fervent à la faire tourner; cette manivelle HI fait monter & defcendre dans fa révolution une longue verge de fer NO, dont l'extrémité O eft boulonée au tenon refervé dans le milieu du balancier : ce balancier eft foutenu par les deux guetes AC, & le centre de mouvement eft en P, Q.

Au même balancier font attachées deux jambes de chaque côté, telles que RS, TV; c'eft par le moyen de ces jambes qui arcboutent contre terre en pouffant le Chariot

1714. Nº. 152. PLANCHE I. FIG. I.

1714.
Nº. 152.

en avant, que ce Chariot marche, comme on le verra par la Figure suivante. Suppofant donc la Machine toute préparée & le vent enflant les voiles, elles tourneront par ce point H qui eft enarbré dans le bras LM.

FIG. II.

Soient les deux montans FG, & la manivelle HI fuppofée prefque horifontale, c'eft-à-dire, que la verge NO foit montée de N en *n*, il eft évident qu'alors le tenon O eft pareillement monté en *o*, & par conféquent le balancier étant mobile fur les deux points P, Q, l'extrémité R fera defcenduë en *r* & le bout S en *s*, ce qui fait d'abord fentir le commencement de la force dont il arcboute contre terre: la plus grande force fe trouve donc dans la pofition verticale de cette manivelle, qui achevant fa révolution, fera defcendre la verge NO, enfemble le tenon qui avoit monté de O en *o*, d'où s'enfuivra que la jambe TV arcboutera de la même maniere que l'autre. Il eft clair que par ces différens balancemens le Chariot fera toujours pouffé en avant, tantôt par les deux jambes correfpondantes, R S, RS, tantôt par les jambes TV, TV.

FIG. I. & III.

Voici maintenant la maniere de le faire tourner. Les deux rouës de devant X, X, ont chacune leur effieu particulier Y, Y, mais femblable. Deffous le travers du Chariot eft liée une barre de fer, percée aux extrémités d'un trou Z, pour y recevoir le pivot du montant *h*, auquel tient l'effieu Y, & à l'appui du Chariot eft une autre piece qui faille en dehors pour recevoir l'autre extrémité du montant *h*; de forte que ce montant fe peut mouvoir librement fur lui-même, par le moyen d'une barre fixée à ce même montant. A l'extrémité de cette barre eft une corde attachée par un de fes bouts, & qui va enfuite faire un tour fur le cabeftan *g*; fon autre extrémité eft attachée au même endroit de la barre oppofée, à l'autre côté du Chariot. Lorfqu'il s'agira de faire tourner le Chariot, on appliquera un ou deux hommes au cabeftan *g*, & fuppofant que l'on lui ait fait faire le chemin *de*,

la barre aura fait le chemin KI, & aura fait tourner la
rouë suivant l'arc *mn*, moyennant quoi le Chariot sera dirigé.

Cette machine est ingenieusement imaginée, mais la
rencontre des Villages, des bois, &c. obligeront d'y atteler des chevaux pour la mettre en plein air ; les inégalités des chemins peuvent encore s'opposer à sa réussite.

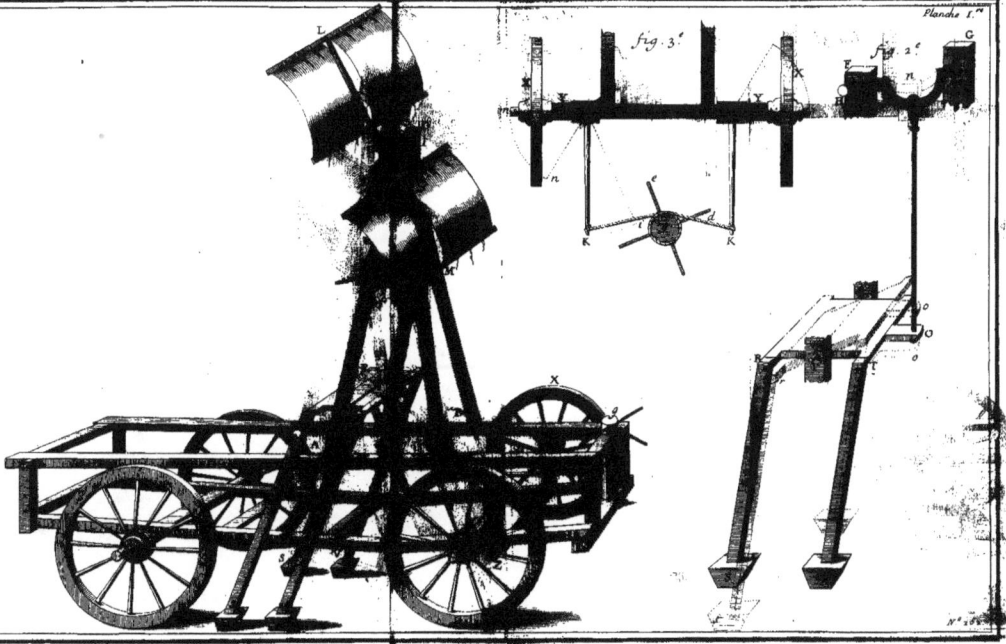

Chariot à Voilles.

Planche I.re

fig. 3.e

fig. 2.e

AUTRE CHARIOT

A VOILES,

PAR M. DU QUET.

CE Chariot produit les mêmes effets que celui que nous venons de décrire, mais par des voyes différentes.

La rouë AB est formée par des voiles telles que CDE, attachées obliquement sur l'épaisseur intérieure de la grande rouë, & jointes de même sur la circonférence de la petite rouë qui est concentrique à la grande.

Ces voiles font ici au nombre de 12 ; l'on voit donc que cette voile circulaire tient la place de l'autre : on en dira les avantages dans la suite.

La voile AB est fixée à la manivelle GF (Fig. II.) supportée par deux montans entés fur une emboiture K, qui peut fe mouvoir horifontalement fur un cylindre qui lui est intérieur, & cela par le moyen d'une rouë dentée H, & d'un treüil vertical LI, qui porte à l'extrémité superieure L, deux chevilles qui engrenent dans la rouë dentée. L'ufage de cet affemblage, est d'orienter la voile fuivant la nature ou la direction du vent, ce qui fe fait en tournant le treüil horifontalement, par le moyen des barres dont il est garni. Par exemple, lorfque l'on fait tourner le treüil *bd*, la cheville quitte fa place pour aller reprendre l'autre dent *e*, que la feconde cheville *m* lui amene, ce qui fait

1714.
N°. 153.
PLANCHE
II.
FIG. II. & I.

E iij

1713.
No. 153.

tourner la rouë d'un sens contraire à celui du treüil, & par conséquent tout le batis qui porte la voile; moyennant quoi on oriente la voile en la tournant plus ou moins. Cette même Mechanique est employée au même usage dans la premiere Planche.

FIG. III.　La manivelle que fait tourner cette voile, porte une verge de fer MN qui vient se boulonner au bras NO du chassis fixé dans le milieu de la traverse PQ, aux extrémités de laquelle sont des montans R S, RS. Chaque montant porte deux cramailleres RV, ST, qui engrenent dans une lanterne X établie à chaque moyeu des rouës 15, 16. Le chassis RRPQS, &c. est joint à deux montans du Chariot par les charnieres YZ, au moyen desquelles ce chassis peut faire plusieurs balancemens, étant tiré verticalement par les verges de fer, que la manivelle fait monter & descendre alternativement dans ses révolutions; c'est-à-dire, supposant la manivelle montée dans une situation verticale, & avoir fait aussi monter le bras NO, de N en n, le montant qui porte les cramailleres aura fait d'un côté le chemin R, r, & de l'autre le chemin S, s; ce qui ne se peut faire sans que la cramaillere RV, n'ait descendu par son propre poids, pour prendre les fuseaux de la lanterne, pendant au contraire que la cramaillere ST aura tiré sur les dents qu'elle avoit prises & fait tourner cette même lanterne, ensemble la rouë où elle est fixée. La manivelle continuant de tourner, lorsqu'elle fait descendre le bras NO de N en p, le balancier revient de R en u, & de S en t; pour lors ce sera la cramaillere RV qui fera tourner, pendant que l'autre prendra d'autres fuseaux : & ainsi successivement.

Les rouës de devant 17, & 18, sont pour diriger le Chariot de la même maniere qu'il a été dit pour le premier.

L'avantage de cette construction de voiles sur celle qui est employée au premier Chariot, consiste en ce que l'on

eſt obligé dans la premiere diſpoſition de faire faire aux aî-
les, ſuivant l'Auteur des angles d'environ 45 dégrés, par
rapport à l'arbre ſur lequel elles ſont montées, ce qui
fait un embarras à cauſe de leurs ſaillies ; aulieu que dans
ce dernier cas les voiles ſe trouvent renfermées entre deux
cercles concentriques, & ne ſe dérangent point de leur
plan.

1714.

N°. 153.

APPLIGATION

Fig. 1.

Fig. 2.

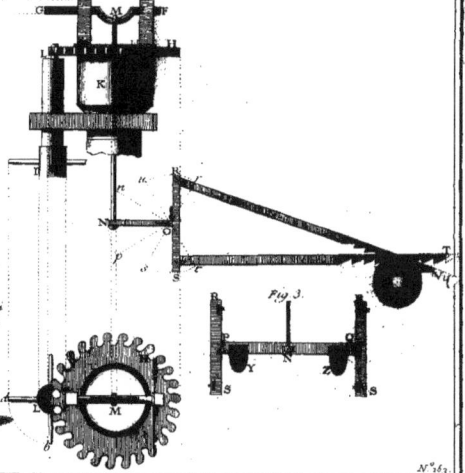

Fig. 3.

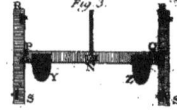

N.º 263.

Hernosez Sculp.

APPLICATION

DE LA MECANIQUE DU CHARIOT A VOILES

A UN VAISSEAU,

INVENTÉ

PAR M. DU QUET.

1714.
N°. 154.

SUPPOSANT cette Machine conſtruite ſur les bords d'un vaiſſeau, & que le balancier RS, ſoit fixé de la même maniere, garni de cramailleres ſemblables qui engrenent de même dans une lanterne; ſi au lieu d'appliquer une rouë à cette lanterne, on y ajoute des rames qui faſſent l'effet d'une rouë de moulin, il eſt clair que cette lanterne ne ſçauroit tourner, que les rames ne tournent auſſi & ne faſſent avancer le Vaiſſeau, qui pourroit même aller directement contre le vent, ſi on oriente la Machine comme elle eſt repréſentée dans la Figure III. mais en ce dernier cas on trouveroit beaucoup d'inconveniens.

Pl*anche* 3.

Fig. 3.

Fig. 1.

Fig. 2.

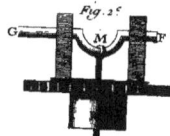

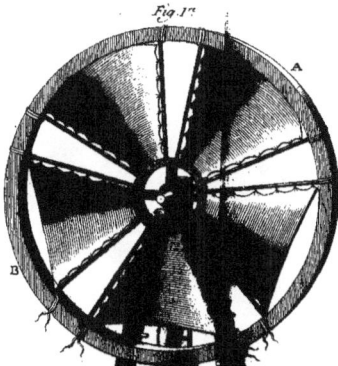

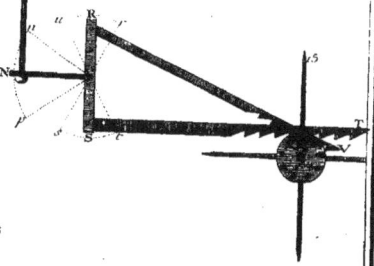

Haussard sculp.

TOMBEREAU

QUI SE CHARGE ET QUI MARCHE

PAR LE MOYEN DU VENT,

INVENTÉ

PAR M. DU QUET.

Es mouvemens du treüil **A** & de la roüe **B** ayant été expliqués dans les Figures précédentes, de même que celui du balancier **GOP** qui fait mouvoir la roüe **H**, voici ce que l'on ajoute pour que ce Chariot se puisse charger en marchant dans une terre déja remuée.

1714.
No. 155.

A l'extrémité **E** du balancier mobile au point **F**, on ajoute un tirant **EL** qui tient à un second balancier **IM**; à l'extrémité **M** est attachée la pelle **MN** garnie de deux manchereaux coudés, comme on le voit en **R**; c'est entre ses deux branches qu'est contenue l'extrémité **C** du Tombereau **CD**. Comme le balancier est mobile autour du point **L** & qu'il décrit un grand arc par le bout **M** qui est à quelque distance du centre de mouvement, il arrive que par ce mouvement la cuillier se charge par un mouvement & se décharge par un autre, en venant heurter son manche contre le bord **C** du Tombereau. La chose supposée

F ij

1714.
N°. 155.

poſſible , il feroit néceſſaire d'avoir deux pelles qui tra-vaillaſſent alternativement pour ſauver la perte de tems qui ſe rencontre en ne ſe ſervant que d'une ſeule.

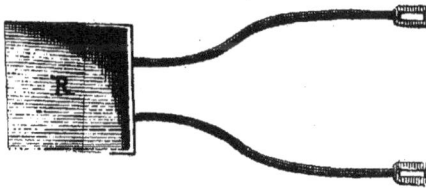

Dheulland Sculp.

RECUEIL
DES MACHINES
APPROUVÉES
PAR L'ACADÉMIE ROYALE
DES SCIENCES.

ANNÉE 1715.

MOYENS

D'EMPÊCHER LES CHEMINÉES DE FUMER,

INVENTÉS

PAR M. DE LA CHAUMETTE.

A B eſt une Cheminée qui porte ſur ſes côtés les plus étroits , deux feüilles de tole CD pour recevoir l'extrémité d'un arbre qui porte une feüille EF de même matiere. Cet arbre eſt attaché dans le milieu de cette feuille & tourne librement dans les trous des deux plaques C, D ; la partie inférieure GH de la plaque entre dans la Cheminée & s'appuie alternativement ſur les côtés , c'eſt-à-dire que quand le vent vient de la partie I, la plaque EGH s'appuie ſur le côté L ; & quand au contraire le vent vient de la partie M, la même feuille fait la baſcule & s'appuie pour lors ſur le côté N. Le vent continuant toujours de ſouffler dans la même direction , la feuille demeurant en cet état , laiſſera échapper la fumée.

La ſeconde invention conſiſte en une feuille PQR ſemblablement ſuſpenduë , elle ne différe de la précédente qu'en ce qu'elle eſt courbée , du reſte elle produit le même effet. Dans l'un & l'autre cas on pourroit craindre qu'un vent trop oblique ne fît pas faire à la baſcule le même effet que quand il vient directement d'un côté ou de l'autre , en frappant ſur la ſurface entiere de cette feuille ,

1715.
N°. 156.

& par ce moyen les Cheminées où l'on feroit ufage de cette invention , ne feroient pas entierement garanties de l'in-
commodité de la fumée ; mais comme il arrive que des
Cheminées ne fument que par certains vents , l'on pourroit difpofer la Machine par rapport à ces mêmes vents ,
pourvu que les Cheminées euffent auffi la difpofition convenable à recevoir la Machine dans le cas des mêmes
vents.

FOURNIMENT

Fig. 1.re

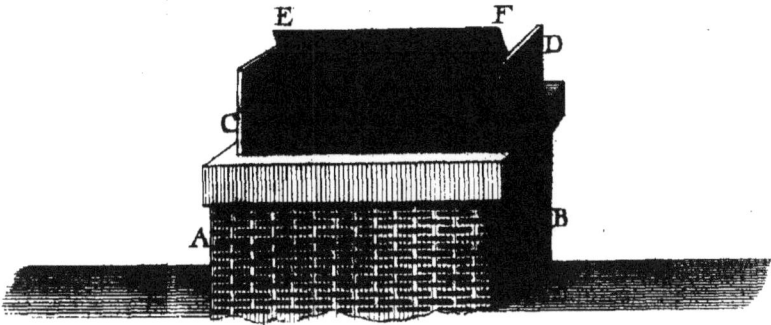

Fig. 3.^e

Fig. 2.^e

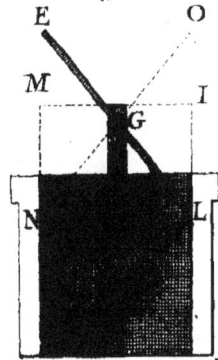

FOURNIMENT

DONT LA CHARGE SE PLIE SUR UN GENOU,

INVENTÉ

PAR M. DE LA CHAUMETTE.

LE corps du Fourniment AB ne différe point des Fournimens ordinaires ; c'eſt dans le genou C appliqué à la plaque BD que conſiſte la nouveauté de celui-ci.

Ce genou eſt compoſé d'une boule E, à laquelle eſt attaché fixement un canon FG au-deſſus d'un trou FH qui traverſe la boule diamétralement, de maniere que ces deux ouvertures forment un ſeul canon HFG. La boule intérieure repréſentée dans le profil par les Lettres FEHIL peut ſe mouvoir de P en M dans la calotte MNOP; cette calotte tient ſolidement à la plaque BD du Fourniment & eſt percée d'un trou en N, qui ſe joint au canon HFG, enſorte que le tout ne fait qu'un ſeul conduit, d'où la poudre ſort facilement. Lorſque la charge eſt faite l'on replie le genou, en faiſant faire au canon HG, d'un côté le chemin GS, & de l'autre le chemin HI ; pour lors le trou H éloigné de l'ouverture N eſt bouché ſi parfaitement par la ſurface de la boule, que l'on n'a plus rien à craindre de la part du feu. On aſſujétit encore cette boule par la vis V dont l'écrou ſe trouve dans l'épaiſſeur de la calotte.

1715. Nᵒ. 157. Fɪɢ. I.

Rec. des Machines.   TOME III.   G

Quoique cette Mecanique fe trouve dans la plûpart des
inftrumens tels que les Planchettes & autres qui fervent
à prendre des angles fur le terrain, lefquels fe replient de
même fur un genou. L'application en a paru nouvelle, &
on a jugé que ce Fourniment feroit d'un ufage commode.

1715.
N°. 157.

Fig. 1.re

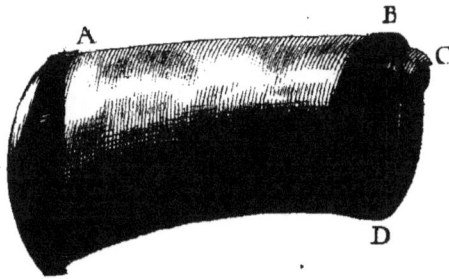

Fig. 2.^e

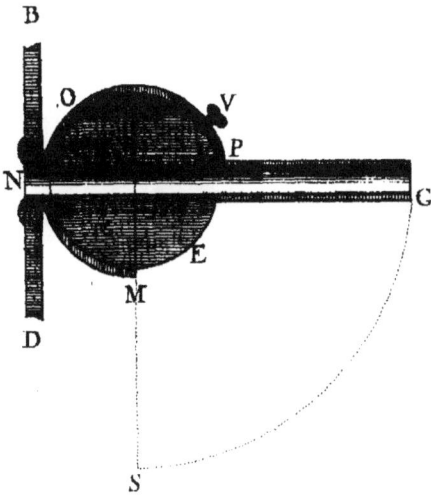

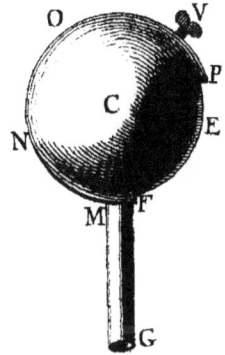

N.º 157.

Heuser Sculp.

FOURNIMENT

QUI CHARGE A POUDRE ET A BALE,

INVENTÉ

PAR M. DE LA CHAUMETTE.

1715.
No. 158.

LE corps du Fourniment AB, est à l'ordinaire & ne diffère des autres qu'en ce qu'il est séparé intérieurement par une cloison d'une matiere semblable à celle qui compose le Fourniment : cette cloison se divise en deux capacités égales ; elle divise de même le conduit CD & forme deux passages, dont l'un sert pour les bales, & l'autre pour la poudre, qui se trouve séparée des bales dans le Fourniment par la cloison EF.

Sur le conduit CD il y a une bascule GIH portée par une goupille en I, & autour de laquelle elle peut se mouvoir : cette bascule porte à distance égale du point I, deux languettes L, N à l'extrémité des branches GL, MN. Ces premieres languettes servent à faire la charge de la poudre, & les languettes OP qui y sont jointes, passent par des ouvertures R, S, faites à la séparation EF : ces languettes OP croisant du côté des bales & se mouvant librement dans les ouvertures R S, servent à faire la charge des bales. La Mecanique de cette Machine se manifeste d'elle-même. L'on conçoit que la poudre & les bales sont d'abord retenuës par les deux lan-

1715.
N°. 158.

guettes LO , & que le paſſage des deux autres PN eſt libre , par rapport au reſſort TVX qui tient toujours la baſcule relevée. Lorſque l'on voudra charger , il faudra premierement mettre un doigt du côté des bales , enſuite pe-
ſer ſur le bout H de la baſcule ; il eſt clair que la languette
N ſéparera la poudre qui ſe trouve dans le conduit , de
celle qui eſt dans le corps du Fourniment , & fera la charge toujours juſte ; la languette P fait la même choſe pour
les bales : ainſi après avoir mis la poudre , retenant toujours la baſcule , on ôtera le doigt & on mettra les bales
dans le fuſil.

Ces ſortes de Fournimens ſont bons entre les mains de
perſonnes attentives ; car on pourroit ſouvent ſe tromper
en mettant le doigt du côté de la poudre , & par conſéquent lâchant les bales avant la poudre ; ce qui occa-
ſionneroit du retardement.

Il faut obſerver qu'il ne ſera pas neceſſaire d'échancrer
les deux languettes qui ſéparent la bale ſi le conduit eſt aſſez gros , & que la languette s'éleve de tout ſon diametre.

Fig. 1.re

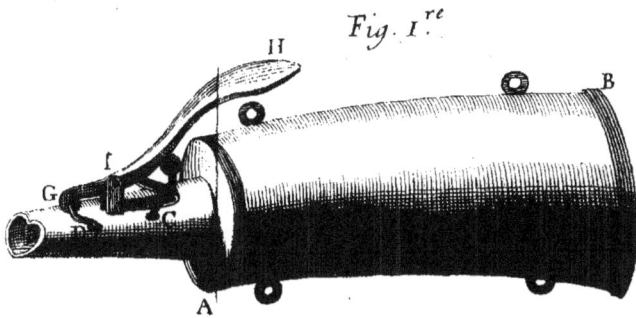

Fig. 2.^{e}

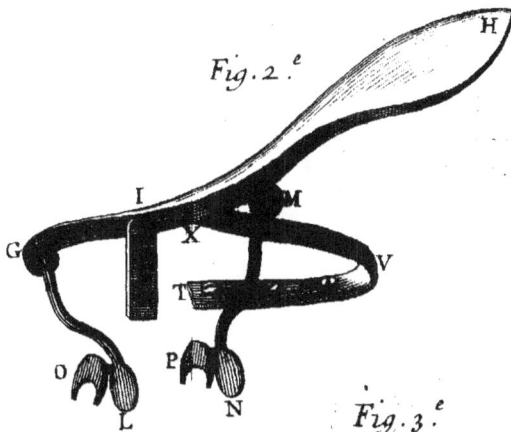

Fig. 3.^{e}

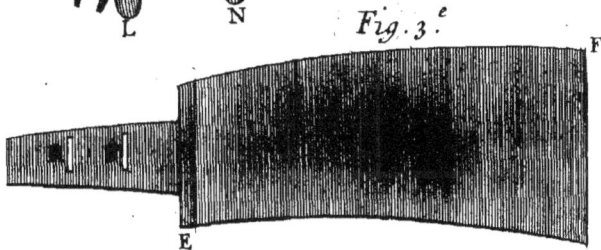

Herisset Sculp.

CANON

QUI SE CHARGE PAR LA CULASSE,

INVENTÉ

PAR M. DE LA CHAUMETTE.

LE Canon AB se monte sur un affût ordinaire ; il différe des autres en ce que le noyau CD regne dans toute la longueur du Canon, le traversant d'un bout à l'autre.

1715.
No. 159.

Le tampon EF (attaché à l'extrémité G du levier GHI mobile au point H) porte la lumiere E *nm*. Ce tampon doit se mouvoir librement dans l'ouverture faite pour le recevoir, & doit être plus large que le diametre du noyau ; de maniere que quand on voudra charger ce Canon, on fera monter le levier de I en *i*; pour lors le tampon étant descendu, donnera la liberté de passer le boulet par l'extrémité C, ensuite la gargousse que l'on crevera du côté de la lumiere, après quoi on élevera ce tampon qui formera la culasse.

Les principaux avantages que l'on peut avoir par ce Canon sont, 1°. que l'air ayant la liberté de traverser, l'empêchera de s'échauffer si-tôt qu'un autre, & par conséquent il pourra tirer plus de coups : 2°. que la commodité de charger par la culasse, supprime l'embarras de retirer ces sortes de Canons de leur batterie, ou d'aller du côté de la bouche. Quant aux autres propriétés de cette invention, il n'y a que l'expérience qui les peut faire connoître, de même que les inconveniens qui en peuvent resulter.

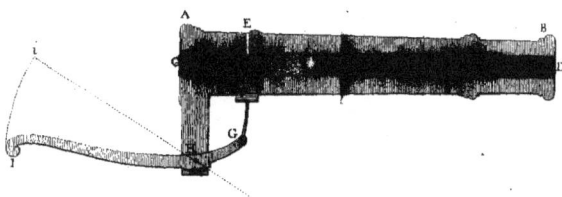

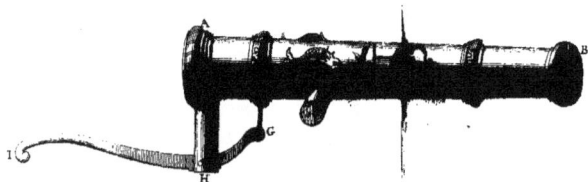

N°.159.

Bariene Sculp.

❦❦❦❦❦❦❦❦❦❦❦❦❦❦❦❦❦❦❦❦❦❦❦

TABATIERES

INVENTEÉS

PAR M. DE LA CHAUMETTE.

LA Tabatiere C eſt à la Cavaliere ; le deſſus eſt briſé dans le milieu de ſa longueur , de maniere que chaque battant A ſe peut mouvoir autour de ſa goupille rivée aux deux extrémités du corps de la Tabatiere. Deſſous ces battans eſt un reſſort recourbé FBDEF attaché par deux vis au fond. Chaque bout de ces reſſorts va appuyer contre les fiches FF reſervées dans l'intérieur de ces battans ; de ſorte que quand on veut l'ouvrir , on peſe avec les deux doigts ſur le milieu du couvercle , faiſant décrire à chaque battant les arcs BE ; le reſſort obligé de fléchir , permet à chaque côté du deſſus de s'enfoncer dans le dedans de la Tabatiere , par ce moyen il ſe fait un paſſage.

L'avantage que peut procurer une ſemblable Tabatiere , eſt qu'on peut prendre d'une ſeule main du tabac dans la poche ſans en verſer : c'eſt pourquoi on les nomme Tabatieres de chaſſes.

La Tabatiere A eſt à couliſſe ; aux côtés BC , DE , il y a deux reſſorts EI , LM attachés contre ces mêmes côtés par des vis. Ces reſſorts ſe croiſent & vont pouſſer les chevilles NI rivées ſur le deſſus de la Tabatiere. Son ouverture ſe trouve ſur le côté PQ , en tirant ſur les arrêtes marquées ſur le couvercle , ce qui produit un paſſage LM ,

1715.
No. 160.
Fig. I. & II.

Fig. II.

Fig. III. &
IV.

par lequel on peut prendre le tabac : le deſſus ſe peut ôter quand on veut remplir cette Tabatiere.

Enfin la troiſiéme Tabatiere eſt un cylindre creux, ſur la ſurface duquel ſont pluſieurs reſerves qui contiennent autant d'anneaux, qui ſe meuvent circulairement tout au-tour : ces anneaux ſont diviſés en 10 parties égales, gra-vées de chiffres depuis un juſqu'à zero ; de maniere que cette Tabatiere ſert principalement à marquer au jeu. Sa fermeture eſt la même que celle qui eſt appliquée aux Ta-batieres faites en forme de poire.

Les inconveniens des deux premieres, ſont d'être obli-gé de forcer des reſſorts. En ſecond lieu, c'eſt qu'on ne peut jamais remplir tout-à-fait ces ſortes de Tabatieres : ces défauts en ont preſque fait abolir l'uſage qui étoit autrefois fort fréquent.

CANIFS

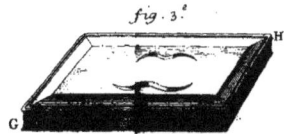

fig. 5.

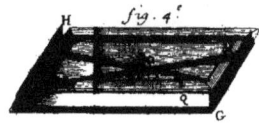

fig. 6.

fig. 3.

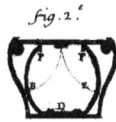

fig. 4.

fig. 1.

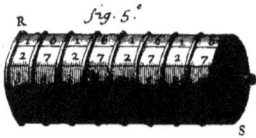

fig. 2.

✻✲✽ ✻✲✽ ✻✲✽ ✻✲✽ ✻✲✽ ✻✲✽ ✻✲✽ ✻✲✽ ✻✲✽ ✻✲✽

CANIFS

QUI TAILLENT DES PLUMES D'UN SEUL COUP,

INVENTÉS

PAR M. DE LA CHAUMETTE.

AB eft un manche de cachet ; à l'extrémité B eft adap-tée une piece d'acier ouverte dans toute fa longueur & formée en goutiere au bout C , de maniere que les deux côtés foient également recourbés pour couper également les côtés de la plume.

1715. Nᵒ. 161. FIG. I.

Dans l'ouverture CB il y a un cifeau DE attaché à cet-te piece par la vis F : il fert à fendre la plume. Le tout étant folidement affemblé forme la figure G , qui eft la taille de la plume ; la figure fuffit pour faire voir la maniere de fe fervir de cet inftrument. Après avoir échancré la plume comme M , on la place fur un endroit folide N ; enfuite on ajufte le Canif & on appuye fortement fur le manche, pour lors la plume fe trouve taillée.

FIG. II.

Le fecond Canif eft renfermé dans un étui A tarrodé interieurement depuis A jufqu'en B , pour y recevoir la vis E. Le refte de l'étui eft évidé & contient une boëte cylindrique C , au fond de laquelle eft attachée une fe-conde piece un peu évidée en goutiere & taillée en for-me de bec de plume ; c'eft fur cette piece que porte la plume après avoir été échancrée comme en M.

Le taillant F eft femblable au taillant C de la premiere figure , c'eft-à-dire , qu'il eft féparé de la même maniere

& contient dans son milieu un ciseau pour le même usage. Celui-ci ne diffère donc qu'en ce qu'il est plus massif & qu'il porte une tige D qui entre dans un trou fait au centre de la vis E dans toute sa longueur : cette vis peut tourner sur la tige D , qui est arrêtée à l'endroit G par un petit écrou. La vis E sert à faire monter, descendre & forcer le taillant F dans l'étui C pour couper la plume sur l'appui N attaché au fond. La figure M représente le plan du taillant F.

Le fond H est l'emboiture inférieure de l'étui ; il s'attache à cet endroit par deux vis. L'ouverture I est pour recevoir la plume quand elle est échancrée , le trou opposé L est celui par où sortent les morceaux de la plume après avoir été taillée. Cette Mecanique est employée au troisiéme Canif représenté en forme de force ; l'appui C est adapté à une des serres A : le morceau D , destiné à couper les côtés de la plume est attaché au-dessous de la serre opposée, & le ciseau F qui sert à fendre cette plume , est fixé au-dessus de la même serre par des vis : la petite Figure I représente le plan de la taille. Pour se servir de ce Canif on échancre la plume comme aux deux précédens, on la place sur l'appui C, ensuite on ferme l'instrument en appuyant sur l'extrémité des serres & la plume se trouve taillée.

Fig. 1.

Fig. 2.

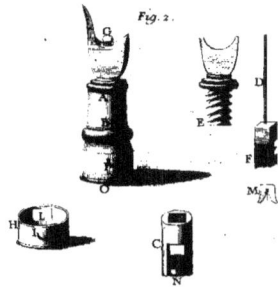

Fig. 3.

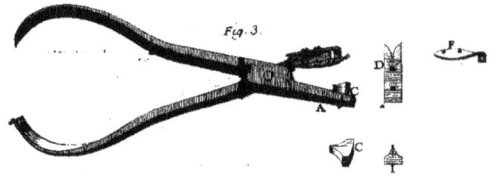

N.° 161.

Hersset Sculp.

COUVRE-PLATINE

ET EPROUVETTE

QUI S'APPLIQUENT AUX FUSILS,

INVENTE'S

PAR M. DE LA CHAUMETTE.

LE Couvre-platine ABCD eſt de cuir, il eſt formé par un aſſemblage de pieces de fer liées à charnieres. La piece E s'unit au canon par une vis, la partie F eſt à char-niere de même que la partie G, qui ne fait qu'un ſeul mor-ceau avec la partie H qui eſt courbée en goutiere à ſon ex-trémité, afin de pouvoir s'engager dans une ſeconde gou-tiere I, ou ſi l'on veut dans pluſieurs crochets de même fi-gure, placés le long du fuſil, ſeulement dans la longueur occupée par la platine; & comme les pieces dont nous venons de parler ne compoſent qu'un chaſſis de broches de fer, les charnieres qui ſervent à les aſſembler doivent avoir une longueur égale à celle de la platine. Ce Couvre-platine pourroit être de fer-blanc au lieu de cuir.

ABCDEF eſt l'Eprouvette compoſée d'une roüe à ro-chet D ſoutenuë par ſon pivot ſur deux montans fixés à l'endroit B de la piece AC: ſur cette piece eſt établie une chape qui porte un levier FIE mobile au point I; à ſon extrémité E eſt un étrier recourbé EH qui engrene dans la roüe à rochet D ; l'autre bout F du même levier eſt applati par deſſus & un peu concave par deſſous, afin de

1715.
No. 162.

Fig. I.

Fig. II.

H ij

1715.
Nº. 162.

porter exactement fur le canon LM fixement attaché à
l'Eprouvette. La rouë D eft divifée en 96, le montant BD
fert de ligne ▓▓ foi ou d'alhidade; l'extrémité C eft garnie d'un reffo▓▓▓▓▓▓▓ la rouë, & l'autre bout A porte
une vis: le ▓▓▓▓ O ▓▓▓▓▓ NO, eft percé d'un
trou rond &▓▓▓▓ ▓▓ ▓▓▓▓ ▓▓ ▓▓▓▓ pas que la vis P
qui fert à bo▓▓▓▓ l'ouverture ▓▓▓▓▓ l'on ▓▓ veut pas y
▓▓▓▓▓ l'Eprouvette; & au contraire lorfque l'on veut fe
fervir de l'Eprouvette, on ôte la vis de fa place. L'extérieur
du canon L pourroit auffi être fait en vis; ce canon eft percé à l'endroit L d'un trou rond. Lorfque la capacité de ce
canon eft remplie d'une quantité connuë d'une poudre
quelconque, on attachera l'Eprouvette en introduifant ce
canon par l'ouverture O, & on la fixera par la vis A. Il a en R
une ouverture qui eft fermée par le bout F du levier. Lorfque la ▓▓▓▓▓ du baffinet fera enflammée elle enflammera
auf▓▓▓▓▓▓ eft contenuë dans la capacité du tuyau LM;
celle-ci en fe dilatant élevera plus ou moins fuivant fa force, l'extrémité F du levier fuivant l'arc Ff, ce qui ne peut
arriver fans que l'extrémité E ne baiffe & ne faffe faire à
la rouë ▓▓ ▓▓▓▓ proportionné à la longueur des leviers.
Pour lor▓▓▓ verra à l'endroit S les différens dégrés de
force de plufieurs efpeces de poudre.

Il y auroit fort à craindre que le tuyau engagé dans le
baffinet ne fe caffât ou ne fe pliât, par l'effort que la poudre
feroit à la partie oppofée de l'Eprouvette.

Fig. 1.ʳᵉ

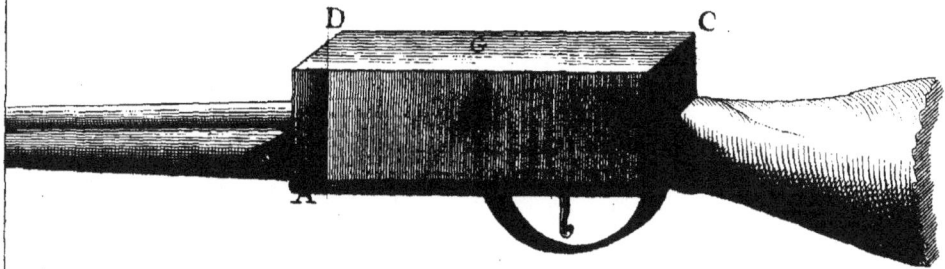

Fig. 2.ᵉ

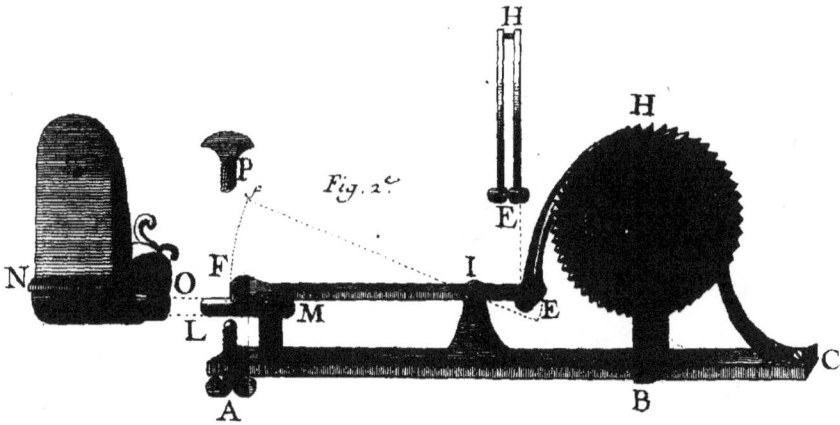

L R M

Fig. 3.ᵉ

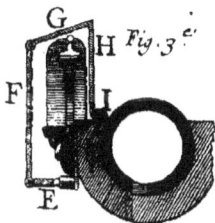

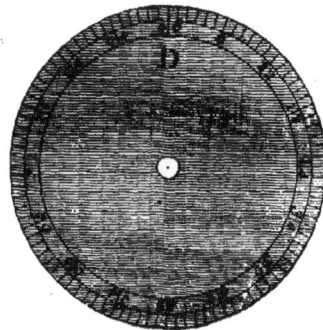

N.º 162.

Dheulland Sculp.

BOUCLE SANS CHAPE,

CHANDELIER

QUI S'ELARGIT ET QUI SE RETRECIT,

ECRITOIRE

QUI SERT DE MANCHE AU CANIF,

INVENTÉS

PAR M. DE LA CHAUMETTE.

AC eſt le tour d'une boucle ordinaire diviſée en deux parties égales par la petite barre d'acier BD qui lui eſt fixée; au milieu de cette barre eſt une pointe E de même matiere que la barre & qui s'élève un peu au-deſſus de la boucle, dont on ſe ſervira en cette ſorte.

F, G, ſont ſuppoſés les deux oreilles ou courroïes du ſoulier; ſi on boucle le pied droit, on fera paſſer la courroïe F la premiere deſſous le côté C (on ſuppoſe la figure vûë, de même qu'elle le ſeroit par un homme qui ſe chaufferoit lui-même) enſuite on l'arrêtera ſur la pointe E & on fera repaſſer cette même courroïe deſſous le côté A; on prendra enſuite la courroïe G & on la paſſera par-deſſus la premiere en commençant du côté A & on l'arrêtera.

1715.
No. 163.

H iij

de même à la pointe E en la faisant repasser dessous le côté C, & le soulier se trouvera bouclé, les deux courroïes étant arrêtées par la pointe, qu'il ne faut laisser ni trop pointuë ni trop longue, afin qu'elle ne soit pas sujette à déchirer les bas ou autres chofes. Si la pointe paroît sujette à quelque inconvenient, on peut y substituer un bouton plat qui referre de même les deux courroïes auxquelles on aura fait deux boutonnieres.

CHANDELIER.

Ce Chandelier n'est pas nouveau; la tige HI est composée de deux pieces assemblées à l'endroit H, de maniere qu'elles puissent se rapprocher & s'éloigner. Cette tige contient intérieurement un ressort LMN dont les deux branches appuyent sur les côtés du Chandelier : un peu au-dessus des ressorts sont des pointes O qui servent d'arêt & de support à la bougie, & qui tiennent lieu de fond à la bobéche. Ces ressorts servent donc à écarter & à aggrandir cette bobéche. L'anneau PR pouvant se mouvoir le long de la tige, sert au contraire à retrécir cette bobéche & par ce moyen affermit la bougie, de maniere que l'on peut se servir de bougies & de chandelles de differentes grosseurs, puisque ce Chandelier supplée toujours à toutes les grosseurs qui se peuvent rencontrer dans l'usage ordinaire.

ECRITOIRE.

Pour faire que l'Ecritoire ST ferve de manche au Canif V, il ne s'agit que de pratiquer dans l'épaiffeur du couvercle T un écrou qui foit de même pas que la vis que l'on fera tourner au bas de la lame ou à l'extrémité de la foye du Canif V, & que l'on fixera dans cet écrou. Quoique cette invention paroiffe être de peu de confé-quence, on ne laiffe pas d'y trouver un avantage qui confifte dans la fuppreffion du manche des Canifs ordi-naires lequel tient beaucoup de place. On pourra par ce moyen diminuer le volume des Ecritoires.

CAROSSE

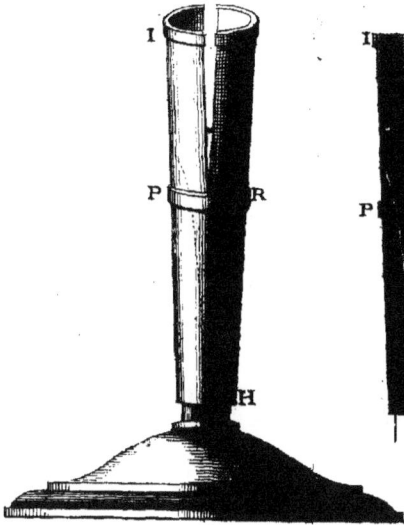

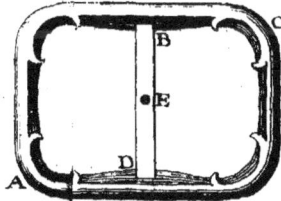

N.º 163.

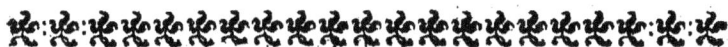

✿✿✿✿✿✿✿✿✿✿✿✿✿✿✿✿✿✿✿✿✿✿

CAROSSE

INVERSABLE,

INVENTÉ

PAR M. DE LA CHAUMETTE.

MOnsieur de la Chaumette propose ici deux manie-res de monter des Carosses qui rendront ces voitu-res inversables.

1715.
Nº. 164.

La premiere consiste à suspendre la caisse **AB** en deux points seulement , en fixant à chaque fond un crampon tel que **D**, placé au-dessus du centre de gravité. Sur ces crampons passeront les soûpentes **DE** , **F** qui seront atta-chées à d'autres crampons faits aux extrémités des ressorts **EHI** , **FLM** , tous deux attachés sur la flèche , l'un sur le devant & l'autre sur le derriere ; la base du Carosse sera re-tenuë par des courroïes , qui empêcheront les fréquens balancemens. On a jugé inutile de représenter ici le reste du train , qui ne doit différer en rien de ceux qui sont en usage.

La seconde maniere est de mettre à l'extrémité **N** de la flèche **OP** une espece de cheville ouvriere **S** qui traverse le milieu de l'essieu **TV** , & autour duquel comme centre l'essieu ou la flèche puissent se mouvoir. Dans ce dernier cas , il seroit vrai de dire que les roües de derriere pour-roient verser sans que le corps du Carosse versât ; mais il

1715.
N°. 164.

y a trop peu de folidité dans cette conftruction , & il y auroit fort à craindre toutes les fois que le Caroffe fe trouveroit dans de mauvais chemins , toutes les fois même qu'il feroit obligé de tourner.

Le même inconvenient fe trouve encore dans la premiere conftruction , púifque la fléche feule porteroit le poids du coffre , des refforts & des perfonnes qui feroient dedans.

Depuis ces inventions M. Godefroi a préfenté en 1716. une chaife de pofte fufpendue dans le même goût , & M. du Tanney de Gournai a préfenté en 1719. un Caroffe inverfable , dont la fléche eft jointe à l'effieu de derriere d'une façon à peu près femblable à celle-ci. On en verra les defcriptions dans la fuite.

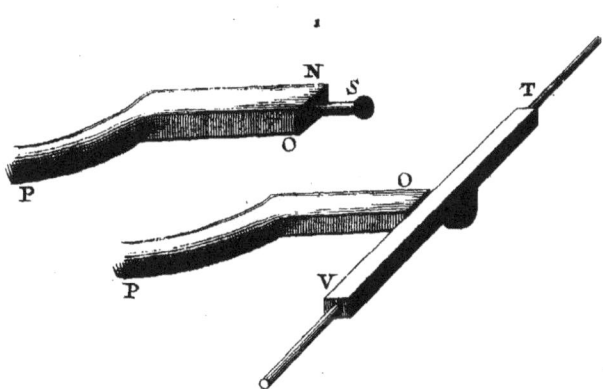

Dheullant sculp.

TABLEAU

QUI SERT DE CIEL DE LIT,

INVENTÉ

PAR M. DE LA CHAUMETTE.

LE bord inférieur du Tableau AB eft attaché au mur de l'appartement par les trois charnieres C, D, E ; les trois autres côtés font entourés d'une tringle de fer qui porte les rideaux FG, HI. Ce Tableau eft élevé & appliqué contre le mur par le moyen d'un cordon LMN attaché environ au milieu de la tringle oppofée aux charnieres ; ce cordon (qui peut être caché) paffe fur les poulies LM, & porte une cheville à l'endroit P qui foutient le Tableau à la poulie L, lorfqu'il eft dans une fituation horifontale ou qu'il fert de ciel de lit. Le Tableau doit un peu excéder les bords du lit RS qui eft placé deffous ; les rideaux FGHI ne paffent point les coins F, H, parce qu'ils ne fervent que pour le long côté ; d'autres rideaux font attachés aux petits côtés qui fervent aux pieds & à la tête. Le lit peut être de telle figure que l'on voudra ; mais comme le Tableau fert d'ornement à la chambre. Il paroît que pour répondre à la décoration du Tableau , la figure d'un lit de repos eft la plus convenable.

1715.
N°. 165.

N°. 165.

Dheulland Sculp.

RECUEIL
DES MACHINES
APPROUVÉES
PAR L'ACADÉMIE ROYALE
DES SCIENCES.

ANNÉE 1716.

MACHINE

POUR LA FABRIQUE DES CANONS DE FUSILS,

INVENTÉE

PAR M. VILLONS.

1716.
N°. 166.

LA rouë AB est exposée à un courant, elle peut tourner sur elle-même & est supportée par son axe CD, sur un batis construit aux bords de la riviere ; le même arbre CD porte trois autres rouës E , F , G , dont l'épaisseur est taillée en couteau pour recevoir deux cordes de la même maniere que celle d'un Coutelier ; cette épaisseur est divisée en deux parties telles que la Figure II. le représente dans le profil HI. Chaque rouë comme E répond d'un côté à un établi K percé suivant sa longueur, pour y recevoir une fraise L , à l'arbre de laquelle est fixée une poulie M qui est dans le même plan vertical de la rouë E; de maniere que cette derniere ne sçauroit tourner que la fraise ne tourne plus vîte, en raison du diametre de la roue E au diametre de la poulie M: & comme la rouë est taillée pour recevoir deux cordes, la deuxiéme répond au second établi N, pareillement garni d'une fraise O avec sa poulie P. Il faut observer que cette fraise ne doit excéder le dessus de l'établi que d'une fort petite quantité, de même que le fer ou ciseau d'un rabot n'excéde son fust que de peu de chose. Cela est marqué dans le pro-

1716.
N°. 166.

fil pris fur la largeur de l'établi, où l'on voit l'établi N garni de la fraife O, & de fa poulie P, foutenu par les deux couffinets R, S, cloués à fa partie inférieure; il en eft de même des autres établis TVXY qui répondent aux rouës F, G.

L'arbre de la roue étant prolongé de l'autre côté de la riviere, on y pratiquera un atelier femblable à celui-ci, compofé du même nombre d'établis, c'eft-à-dire de fix. L'ufage de ces établis eft de préparer les lames dont on fait les canons de fufils : ce qui fe pratique ainfi.

La lame ZW étant forgée, lorfque la rouë tourne & que l'on veut diminuer plus ou moins cette lame pour la rendre d'une épaiffeur convenable, on la préfente plu-fieurs fois à la fraife, tant pour la diminuer fur fon plat, que fur fon chan, afin de la rendre telle qu'elle doit être, & ce travail doit être conduit par un Ouvrier intelligent. Cette lame étant ainfi préparée on fe fervira des machines ordinaires pour en former le canon.

MACHINES

Fig. 2.

Fig. 1re.

Fig. 3.

N°. 166.

MACHINE

POUR FORER LES CANONS DE FUSILS,

INVENTÉE

PAR M. VILLONS.

AB eſt une roue de moulin expoſée au courant d'une petite riviere ; au centre de cette rouë eſt fixé un arbre CD qui peut être prolongé de part & d'autre de la riviere. L'arbre peut porter auſſi pluſieurs rouets tels que E qui lui ſont fixés : ce rouet dont l'épaiſſeur eſt à rainure , porte une corde qui paſſe ſur un ſecond rouet F qui lui eſt ſemblable au diametre près , qui eſt moindre dans ce ſecond. Au centre du rouet F on fixe un arbre qui porte un foret ; ce foret ſe place à l'endroit du canon où l'on veut faire la lumiere , & le canon eſt appuyé contre une planche , derriere laquelle eſt un reſſort qui la repouſſe toujours , enſemble le canon qui lui eſt exactement appliqué ; ce qu'il eſt aiſé de voir par le profil repréſenté à la partie ſuperieure de la Figure.

L'on y voit le rouet F ſoutenu par ſon arbre ſur deux petits montans qui portent des colets , dans leſquels la roue peut facilement ſe mouvoir ; le foret O appuyé contre le canon P ; ce canon appliqué à la planche verticale Q pouſſée par un reſſort QR. Cette planche porte un boulon qui ſe meut dans une ouverture SH , faite ſuivant la

1716.
Nº. 167.

1716.
No. 167.

largeur de l'établi, & qui paſſe tout au travers de ſon épaiſſeur. Il en eſt de même du foret N & de tous les autres établis qui peuvent compoſer l'Atelier.

Les rouets pourroient encore être doubles, comme ceux qui ſont employés à la Machine qui ſert à redreſſer les lames de fer deſtinées à former les canons.

L'on voit donc par celle-ci que pluſieurs forets étant employés, on pourra faire les lumieres à autant de canons.

Il faut obſerver de faire les reſſorts qui ſont aux extrémités LH beaucoup moins forts que ceux qui ſont à l'autre bout de l'établi vers M, ceux-ci ayant la réſiſtance du métal à vaincre, au-lieu que les autres ne ſervent qu'à faire marcher le canon uniformement, ſans quoi le canon ſeroit pouſſé obliquement, la lumiere ſe trouveroit de travers & on ſeroit ſujet à caſſer des forêts.

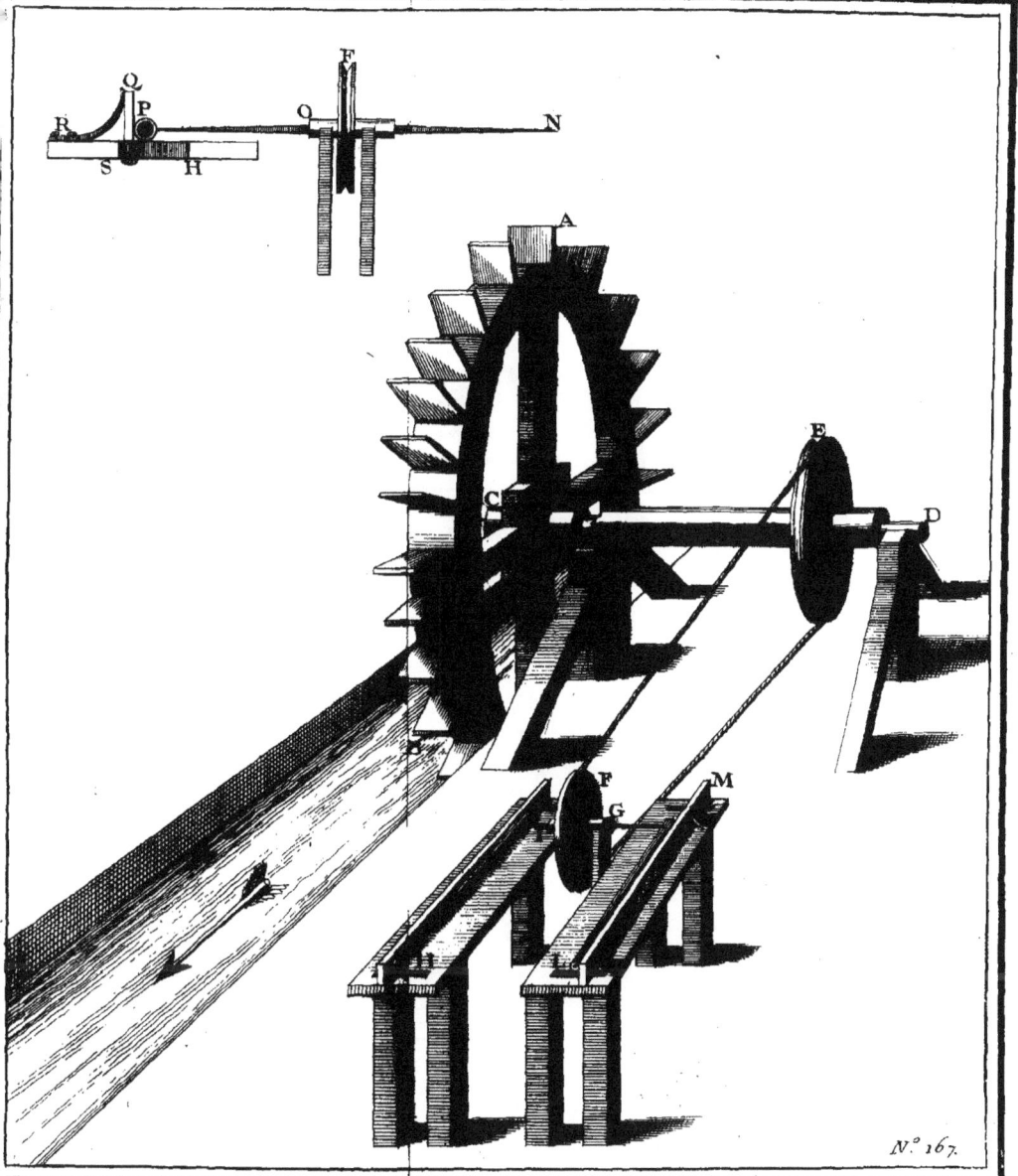

N.º 167.

Heriset Sculp.

MACHINE

POUR JETTER DES GRENDADES,

PROPOSÉE

PAR M. VILLONS.

1716.
N°. 168.

ABC eft une efpece de boucanier auquel eft appliquée une platine de fufil à l'ordinaire, le canon différe des autres en ce qu'il eft chambré à fon extrémité E , le refte de l'ame eft du calibre d'une Grenade fimple telle que G. Ce boucanier fe démonte en deux parties HI , LM , au moyen d'un écrou refervé dans l'épaiffeur du métal à l'embouchure de la chambre. Une vis de même pas que l'écrou eft pareillement refervée dans l'épaiffeur du métal à l'endroit L de la partie du canon LM , de maniere que ces deux portions s'uniffent parfaitement. On charge cette Machine à peu près comme on charge toutes les autres armes à feu ; c'eft-à-dire, qu'après avoir rempli la chambre de poudre, on mettra la Grenade fans bourre , en obfervant de mettre le bout de la fufée fur la poudre qui eft contenue dans la chambre, afin que venant à s'enflammer , elle mette auffi le feu à la Grenade , qui doit être tellement compofée que le feu y prenne fubitement ; à quoi l'on parviendra aifément en fe fervant de poudre bien fine & bien broyée.

Quoique cette Machine foit d'une plus grande dépenfe,

K ij

1716.
N°. 168.

tant par ſa conſtruction , que parce qu'elle conſomme beaucoup de poudre , il en reſultera cependant pluſieurs avantages. 1°. La Grenade ſera mieux dirigée , ira plus loin & ſera tirée avec plus de ſûreté que quand on la jette à la main , où ſouvent elle créve & eſtropie le ſoldat.

2°. Elle eſt d'un tranſport facile , pouvant être montée & démontée en peu de tems & l'on pourra s'en ſervir utilement dans des ſurpriſes , par rapport à ſon petit volume.

3°. Elle ſervira de même de boucanier, ſi on charge avec la mitraille , ce qui fait beaucoup de fracas , ſoit dans un abordage en mer , ſoit dans une deſcente.

Cette Machine doit faire un recul conſidérable ; mais on pourra l'éviter en l'arcboutant contre quelque choſe de ſolide.

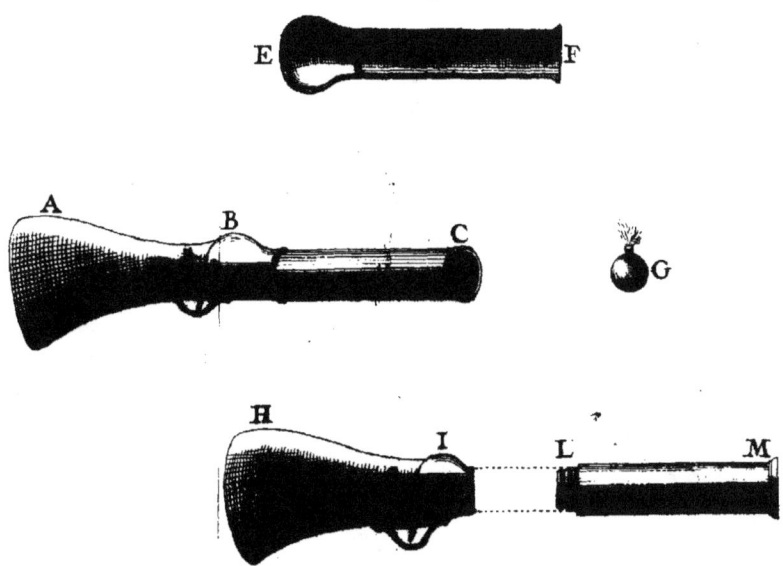

E F

A B C G

H I L M

N° 168.

Dheulland Sculp.

MACHINE

POUR LA FABRIQUE

DES CANONS D'ARTILLERIE,

INVENTÉE

PAR M. VILLONS.

1716.
N°. 169.
PLANCHE
I.

CETTE Machine eſt compoſée d'une roue de Moulin AB, dont l'arbre porte un mandrin C compris entre deux pieces de bois DE, FG, aſſujéties au montant SP par les clefs H, I, qui entrent dans des mortaiſes pratiquées à ce montant : ce même montant eſt ſoutenu par des crapaudines qui lui permettent de tourner librement; les extrémités DF ſont garnies de ſemelles de fer aux endroits où ces pieces touchent les mandrins ; ces ſemelles ſont fixées par des boulons de fer, comme on le peut voir la Figure.

A la piece inférieure FG eſt adapté un treüil L, ſur lequel roule une corde qui paſſe ſur les poulies NO, l'autre bout ſe fixe à la piece ſupérieure ED ; cette corde ſert à écarter plus ou moins ces deux pieces. Le tréteau T ſert à ſoutenir la Machine à l'endroit où on le voit.

L'uſage de cette Machine eſt d'arondir les miſes qui doivent former le canon : ce qui ſe fait de la maniere ſuivante.

1716.
Nº. 169.

Les bandes de fer deſtinées à fabriquer les miſes étant chauffées au dégré neceſſaire dans le fourneau Z, on les rou‑ le à la main ſur le mandrin de l'arbre de la roue , dans lequel elles s'emboitent : pour les arondir enſuite parfaite‑ ment , on place le mandrin garni de bandes de fer , entre les ſemelles des extrémités DF , après quoi on lâche le frein qui retenoit la roue pendant que l'on a placé le man‑ drin à ſon centre ; & pendant que la roue circule , l'on frappe à grands coups de maſſe ſur les deux boulons de fer 1 , 2 , qui enfilent les deux pieces , & qui en même‑ tems retiennent le mandrin C dans une direction toujours égale. La miſe étant arondie , pour l'ôter on arrêtera la roue , on tournera le treüil L , afin de fixer le mandrin à la Machine ; ce qui étant fait , on pouſſera devant ſoi l'extré‑ mité EG , & comme la Machine peut tourner ſur les deux points SP , on voit que l'autre bout DF viendra d'un ſens contraire en tirant avec lui la miſe avec le mandrin , de deſſus lequel on la dégagera en tirant les clefs HI & dé‑ ſerrant le treüil , d'où il ſuit qu'en recommençant pluſieurs fois la même opération , on groſſira plus ou moins la miſe R. La Machine ſuivante ſert à aſſembler ces miſes pour en former le canon.

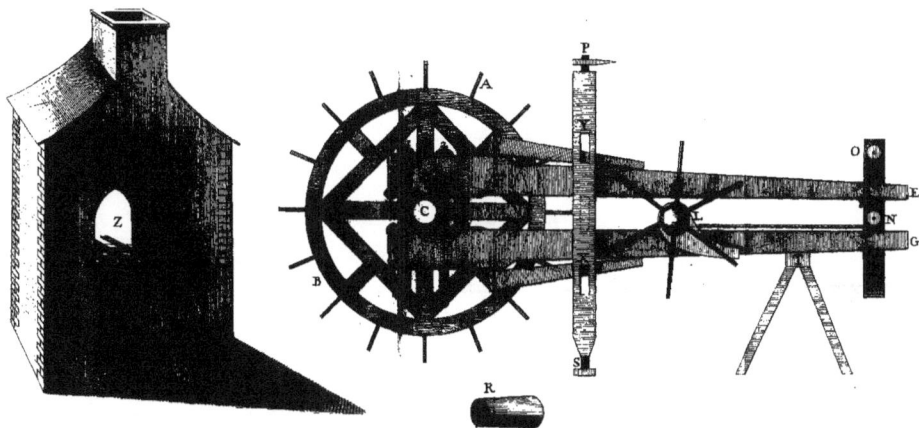

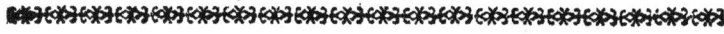

AUTRE MACHINE

POUR LA FABRIQUE DES CANONS,

INVENTÉE

PAR M. VILLONS.

AB eſt un affût ſoutenu ſur un billot par un étrier garni d'un pivot C qui permet à l'affût de tourner horiſontalement ; il peut auſſi ſe mouvoir verticalement, étant aſ-
ſemblé au premier étrier par un boulon de fer. Cet affût
qui eſt placé devant une forge, contient un gros cylindre
IM revêtu de fer ; à l'extrémité I eſt une retraite de l'épaiſſeur de la miſe. Ce même cylindre eſt percé dans toute ſa
longueur pour recevoir un mandrin de fer ON ; le bout
N eſt pour ſoutenir la culaſſe H du canon déja commen-
cé, & l'extrémité O eſt appuyée contre un point fixe P pratiqué ſur l'établi Z : ce point P n'eſt autre choſe qu'un plan
incliné qui peut couler le long de l'établi dans une rainure. Cette piece ſe fixe quand on veut par le moyen de
deux chevilles que l'on fait entrer dans des trous reſervés
à l'établi.

L'affût eſt ſoutenu à l'extrémité DE par une chaîne de
fer qui paſſe ſur deux poulies FG. Devant la culaſſe H eſt
ſuſpendu un cogneux TS, ſoutenu par une corde qui fait
pluſieurs tours ſur le cylindre O, au bout duquel eſt un
ſecond cylindre R de moindre diametre, ſur lequel eſt un

1716.
No. 170.
PLANCHE
II.

martinet RX qui fert à élever le cogneux. Pour joindre
donc deux mifes enfemble, on fuppofe d'abord que la
mife L chauffe à une forge féparée, & que la culaffe H
foit dans celle qui eft devant la Machine. Ces deux morceaux étant au dégré de chaleur que l'on demande, on
paffera premiérement la mife L fur le cylindre, enfuite
avec le mandrin NO on prendra la culaffe H qui chauffoit
dans la forge : ce qui étant fait après avoir bien affûré la
Machine & avoir reculé le point fixe, jufqu'à ce que la
culaffe H touche la mife L ; des hommes appliqués au
cogneux le feront mouvoir horifontalement en frappant à
l'extrémité H, par ce moyen ils fouderont les deux morceaux
enfemble ; il en fera de même de toutes les mifes roulées,
jufqu'à ce que le canon foit de la longueur demandée.

Ces Canons de fer battu ont été fabriqués par l'Auteur
au Port de Marli ; on en voit même quelques pieces à
l'Arfenal de Paris.

MACHINE

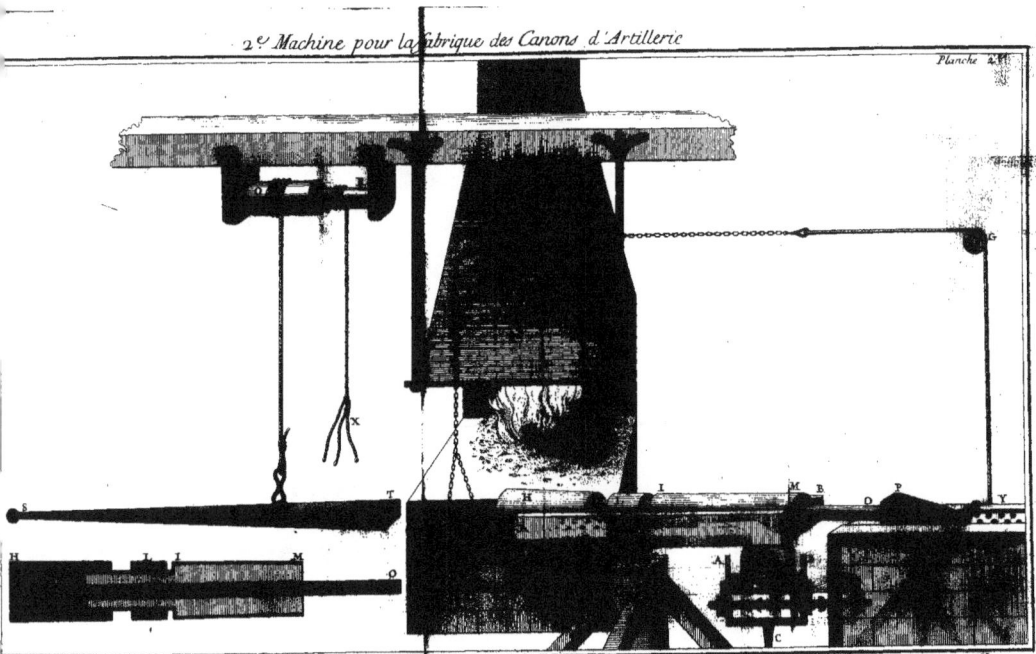

MACHINE

POUR FORER LES CANONS D'ARTILLERIE,

INVENTÉE

PAR M. VILLONS.

SOit le Canon AB, posé sur son chantier pratiqué dans un trou CD fait au-dessous de l'atelier. EFGH est le foret avec son manche ; ce manche dont la position est verticale , est soutenu par un cercle de bois IL garni d'une croisée au centre de laquelle passe le manche qui a la liberté de tourner dans cette ouverture , de même qu'à l'endroit H de la solive, à laquelle est une pièce de rapport, que l'on peut ôter quand on veut par le moyen des vis qui la tiennent. Cette pièce sert de même que le cercle de bois , à contenir le foret. A l'endroit G sont adaptés quatre bras ou leviers GM , GN , GO , GP ; & au-dessus du point G est fixé un plan horisontal QR , dont l'usage est de porter plusieurs poids qui servent à charger le foret. On remarquera que l'extrémité H est faite en vis, garnie d'un écrou plat , que l'on pourroit appeller régulateur , parce qu'il sert à déterminer la quantité dont le foret doit descendre pour faire la lumiere du canon.

On applique plusieurs hommes aux bras MNOP , qui font circuler le foret auquel sont fixés les bras. Ce foret étant chargé & sa pointe étant préparée , il descendra

1716.
N°. 171.

néceffairement, en creufant dans le métal jufqu'à ce qu'il foit arrêté par le régulateur H, ce qui s'appercevra lorf que l'écrou portera fur la poutre. L'on conçoit que pour déterminer cette defcente, le foret pofant fur le canon à l'endroit où la lumiere doit être faite, on élevera l'écrou au-deffus de la poutre d'une quantité qui excéde un peu l'épaiffeur de la matiere que l'on veut percer ; par ce moyen on empêche que le foret n'endommage la partie du paroi du noyau oppofée à la lumiere.

La partie F du manche fe fépare en deux ; ces deux portions peuvent être à charniere, ou à tenon & mortaife ; elles fe réüniffent par le moyen de deux boulons avec leurs clavettes qui entrent dans des trous faits à ces deux portions.

Cette féparation donne le moyen de changer de foret ; chaque foret eft plat à la partie S, qui doit entrer dans cette féparation. Ce foret étant percé de deux trous qui répondent à ceux des manches, eft retenu par les mêmes boulons.

Cette Machine eft fimple & peut être utilement employée dans les Fonderies.

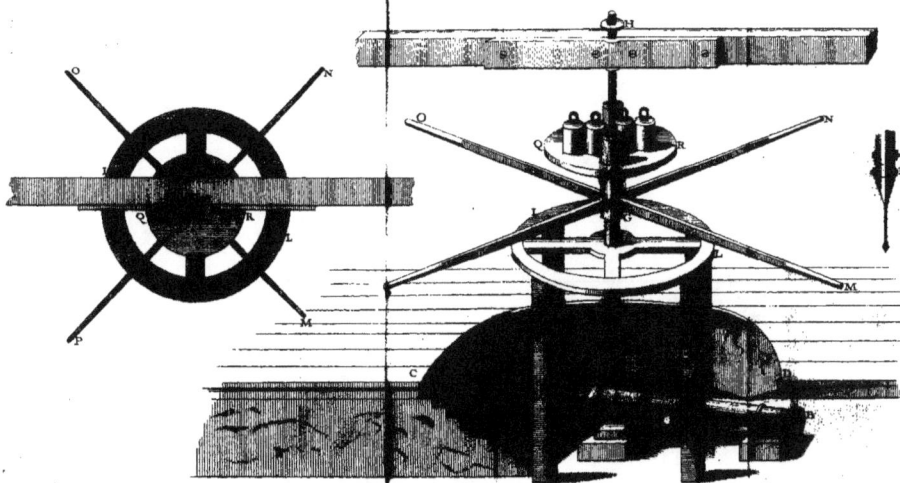

Henricat Sculp.

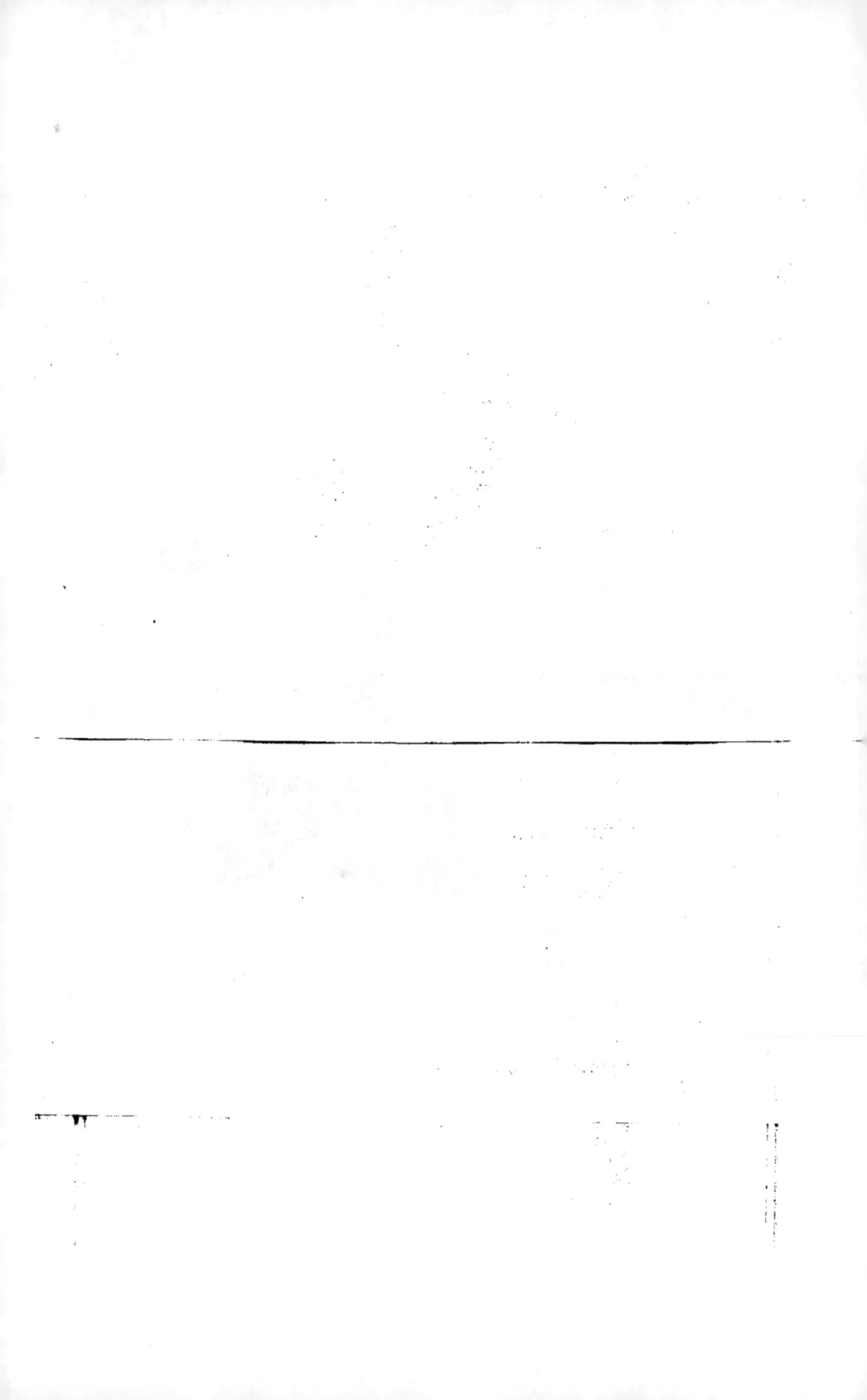

CLAVECIN

A MAILLETS,

INVENTÉ

PAR M. MARIUS.

CETTE Methode de tirer le son du Clavecin, confifte à fubftituer des maillets à la place des fautereaux.
Le corps du Clavecin eft ici repréfenté par la caiffe AB ;
cette caiffe porte un fonds à la moitié de fa hauteur : c'eft
fur ce fonds que font tenduës des cordes fixées par des
pointes à l'extrémité C & bandées par des vis à l'extrémité
D. Là les côtés de la caiffe font coupés pour recevoir
dans le fond une petite boëte MNOP, qui contient le
clavier ; IO, LP, font des bords à couliffe dans lefquels
on fait entrer une barre XY, fous laquelle fe trouve le centre de mouvement des touches EF ; ces touches prolon-
gées en-dedans de la caiffe, portent à l'endroit G des
maillets qui répondent aux rangées de cordes pofées fur
la caiffe. L'on voit à l'infpection de cette Figure que les
maillets peuvent être de différente épaiffeur & doivent
toujours être pofés perpendiculairement aux extrémités
des touches qui doivent les élever. A l'endroit IL eft une
rangée de chevilles fixées à chaque côté des touches, &
qui fervent à les tenir toujours dans leur direction verticale ; c'eft autour d'un étrier tel que Z que chaque touche

1716.
N°. 172.
PLANCHE
I.
FIG. I.

FIG. II.

Lij

1716.
N°. 172.

peut s'élever & s'abaisser. On observera de tenir le maillet plus pésant que le reste de la touche , afin qu'il puisse
descendre plus promptement après le choc. L'on voit le
chemin & le mouvement que chaque maillet fait par la
troisiéme touche du clavier de la premiere Figure en al-
lant de F vers E ; le maillet de cette touche est représenté
frappant les cordes qui lui répondent.

L'on croit que par des Clavecins de cette construction ,
l'on pourra tirer des sons plus ou moins aigus en employant des forces connuës sur les touches suivant les différens tons & les différentes mésures indiquées par les pieces que l'on voudra exécuter.

Voici sur cette Theorie différentes manieres d'employer les maillets & de leur donner toutes les positions
possibles.

fig. 2.ᵉ

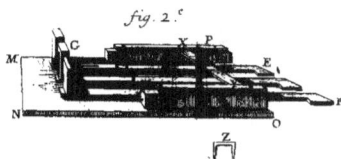

fig. 1.ʳᵉ

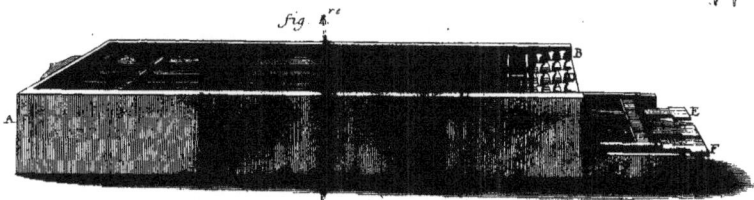

Morisot Sculp.

AUTRE CLAVECIN

A MAILLETS,

INVENTÉ

PAR M. MARIUS.

AB eſt une caiſſe qui repréſente le Clavecin ; ſur cette caiſſe ſont deux rangs de cordes CD, EF. Les maillets ſont ici repréſentés dans différentes poſitions, c'eſt-à-dire, placés pour tirer le ſon en-deſſus, & en-deſſous ; deux manieres de le tirer en-deſſus, & une en-deſſous. Par exemple, le maillet G eſt en-deſſus & frappe ſur la corde au moyen de la touche H mobile au point I ; le petit montant K eſt attaché à la touche H, & ſert à faire frapper le marteau G, ce marteau étant attaché à l'endroit L par un petit étrier de fer, autour duquel il ſe meut librement. L'on peut faire regner le long du Clavecin un ſemblable clavier, poſé au-delà de ſes bords ſur une caiſſe tranſverſale telle que MN, ſur le devant de laquelle ſeront poſés tous les maillets & toutes les touches.

Le maillet O frappe ſur le rang de cordes DC ; ce maillet eſt auſſi attaché en P par un étrier W ſemblable aux autres, autour duquel il ſe peut mouvoir, de même que la touche Q mobile au point S. Lorſque l'on peſe ſur la touche Q, l'extrémité R du maillet ſe leve, le maillet O

1716.
N°. 173.
PLANCHE
II.
FIG. I.

L iij

1716.
N°. 173.

frappe fur les cordes & en tire le fon. Il faudra obferver dans la conftruction d'un femblable inftrument, que toutes les queuës des maillets foient plus péfantes que les têtes, afin que le maillet après avoir frappé, fe releve de lui-même & ne laiffe point de tons faux.

La deuxiéme Figure eft pour faire voir comment on peut établir un clavier à maillets pour tirer le fon en-deffous. Le maillet T eft mobile au point V, & la touche X mobile en Y : en ce cas il faut que la tête T du maillet foit plus péfante que la queue.

Pl. 2.

Fig. 1.ʳᵉ

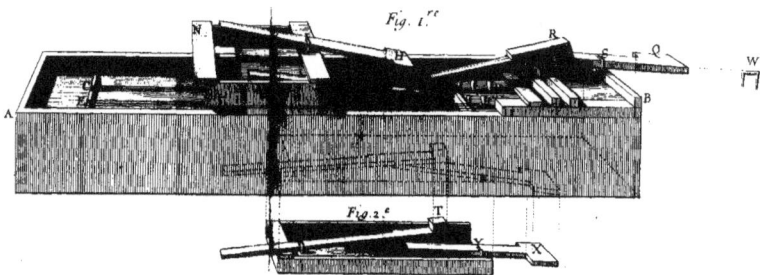

Fig. 2.ᵉ

Benard Sculp.

TROISIÉME CLAVECIN

A MAILLETS,

INVENTÉ

PAR M. MARIUS.

CE qu'il y a de particulier dans ce Clavecin eſt , que le ſautereau comme AB porte une cheville C qui frappe les cordes en-deſſous, de même que les maillets que l'on a décrits précédemment. A quelque endroit autour de la cheville eſt un morceau d'étoffe pour étouffer le ſon, comme on le pratique aux autres Clavecins.

L'extrémité A du ſautereau eſt poſée ſur le bout de la touche EFG, dont le centre de mouvement eſt en F. Il eſt neceſſaire que ce centre ſoit le plus près qu'il ſera poſſible de l'extrémité G , afin que le ſautereau retombe avec plus de promptitude après avoir frappé les cordes; par ce moyen on aura un ſon plus net. L'on voit par la première Figure l'arrangement que doivent avoir entre eux ces ſortes de ſautereaux.

L'avantage d'un Clavecin conſtruit de ſautereaux ſemblables eſt , que la ſujétion de les remplumer, ſe trouve ſupprimée.

1716.
Nº. 174.
PLANCHE
III.
FIG. II.

QUATRIE'ME

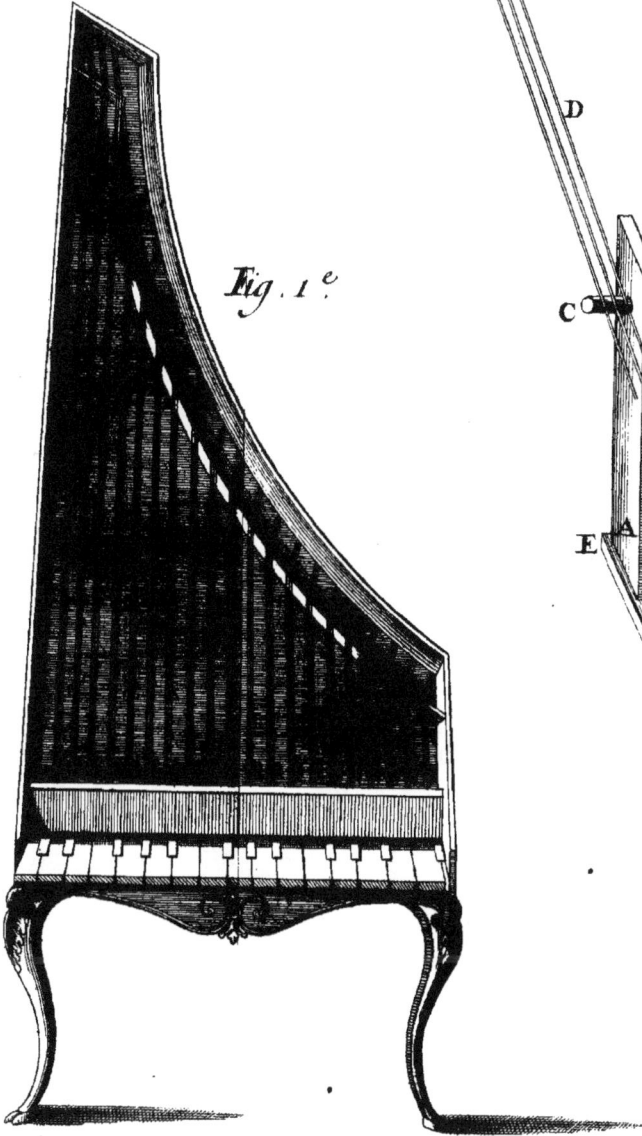

Fig. 1.

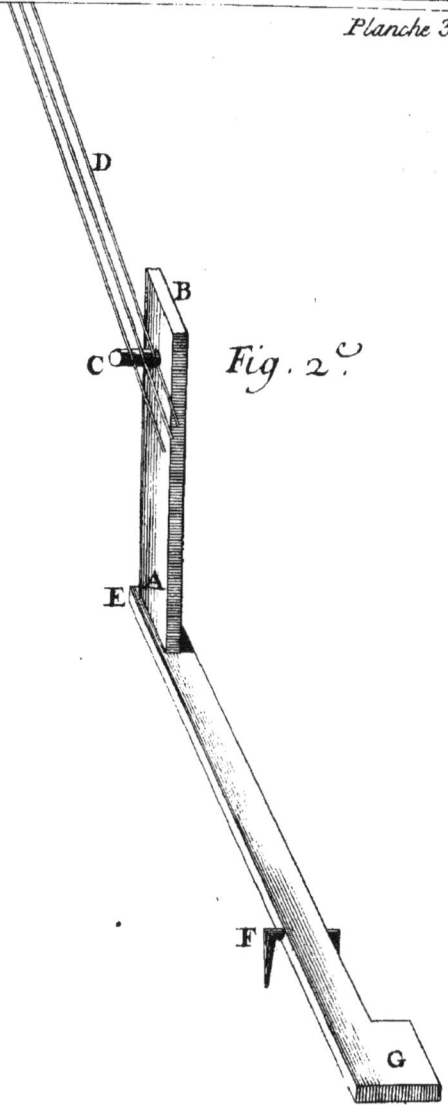

Fig. 2.

D

B

c

E A

F

G

Dheulland Sculp.

QUATRIEME CLAVECIN

A MAILLETS

ET

A SAUTEREAUX,

INVENTÉ

PAR M. MARIUS.

APRES que M. Marius eut trouvé les maillets, il les sub-
stitua à la place des sautereaux en donnant à ces
maillets différentes positions, comme il vient d'être dit sur
les planches précédentes : il trouva aussi le moyen de placer deux jeux dans un seul Clavecin, en y employant
les maillets & les sautereaux, & faisant néanmoins ces deux
jeux tout-à-fait indépendans l'un de l'autre ; c'est-à-dire,
que les maillets peuvent servir seuls, de même que les
sautereaux, & tous les deux à la fois quand on le veut ; ce
qui s'execute en cette sorte.

AB est un corps de Clavecin ordinaire ; le clavier inférieur CD a rapport à la rangée de sautereaux EF, & le
clavier superieur GH fait joüer la rangée de maillets IK ;
la troisiéme rangée LM contient des especes de saute-

1716.
N°. 175.
PLANCHE
IV.

1716.
N°. 175.

reaux fixés fur les touches des mêmes maillets, & garnis de drap, afin d'étouffer le fon après que le maillet a frappé. Les fautereaux NN paffent au travers d'une planche OP pofée fur des taffeaux à couliffes, dans lefquelles cette planche peut fe mouvoir horifontalement fuivant la largeur du clavecin, au moyen de la piéce PQ mobile au point R, de maniere qu'en pouffant cette piece par fon extrémité Q, l'on fait avancer les fautereaux, qui pour lors répondent au-deffous des cordes, & font en état d'en tirer le fon; & au contraire lorfque l'on ne voudra plus des fautereaux, on tirera à foi la piéce, & ces mêmes fautereaux ne toucheront plus les cordes, les touches fur lefquelles elles pofent font affez larges pour leur permettre ce mouvement.

Voici quel eft le mouvement des maillets, pour s'en fervir, & pour les fupprimer.

Le maillet S eft fixé fur la touche qui fait la bafcule fur un étrier T fixé fur une traverfe VV, aux extrémités de laquelle font des tourillons qui lui permettent de tourner; à cette traverfe l'on fixe une piece X qui font à chaque côté du clavier, & fous laquelle on fait couler un coin Y pour élever ou abaiffer tous les maillets enfemble, c'eft-à-dire, que fi on laiffe la traverfe dans fon état naturel, les maillets toucheront les cordes, & lorfque l'on voudra les fupprimer, on pouffera le coin Y fous la piece X, & pour lors les maillets baifferont & ne toucheront plus aux cordes. Le fautereau Z eft pofé fur la touche à quelque diftance du maillet; ce fautereau doit être conftruit & placé de maniere qu'à l'inftant du coup, il foit prêt à étouffer le fon.

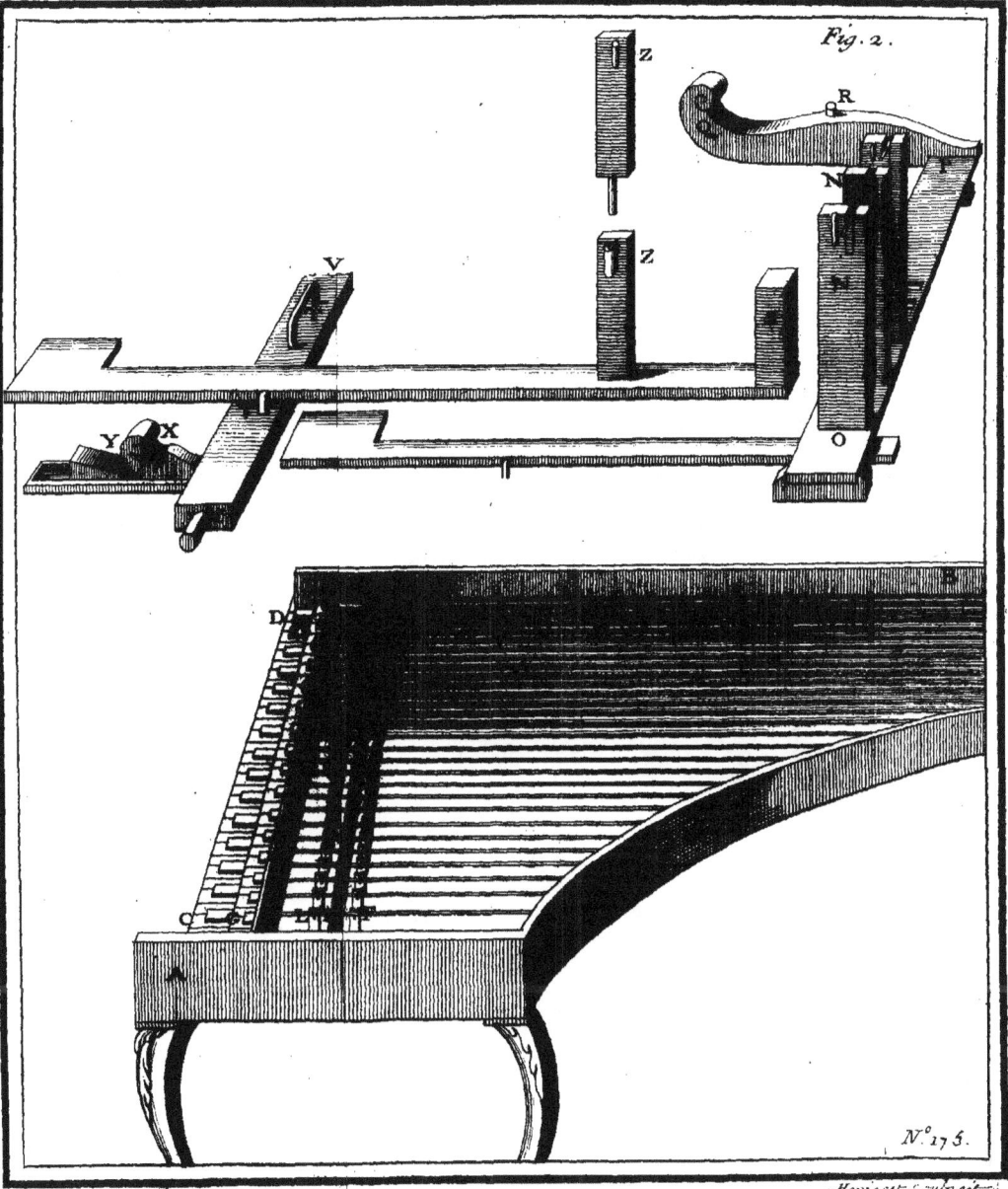

Fig. 2.

N.° 175

Hericcet Sculpsit

ORGUE A SOUFFLET,

INVENTÉE

PAR M. MARIUS.

L'Orgue AB eſt compoſée de pluſieurs ſoufflets CD, au bout deſquels ſont des tuyaux ſemblables à ceux des Orgues ordinaires & de différens tons. MLI eſt un de ces ſoufflets, au bout duquel eſt le tuyau LI. L'intérieur du ſoufflet eſt garni d'un reſſort O qui ſert à relever la partie ſupérieure LM après qu'il a fourni de l'air, ou fait parler le tuyau LI ; la compreſſion ſe fait au moyen d'un fil-de-fer MN qui tient à une touche PNO, mobile au point O. Le clavier GF eſt compoſé d'autant de touches qu'il y a de ſoufflets, ce qui forme un jeu complet : on y ajoute tel jeu que l'on veut, en faiſant des tuyaux capables de produire les effets demandés.

1716.
N°. 176.

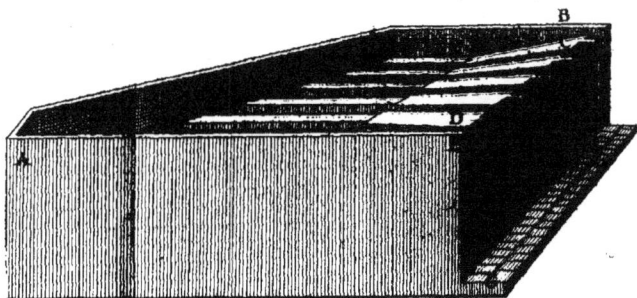

Hurisset sculp.

MONTRE

POUR LA MER,

INVENTÉE

PAR M. SULLY.

LA Montre B est de 3 pouces de diametre & autant de profondeur, d'une forme cylindrique. Elle différe des autres Montres par son échappement OMPN composé d'un arbre long d'un pouce plus ou moins, épais de deux tiers de ligne, ayant ses deux pivots aux deux bouts, & posés verticalement.

1716.
No. 177.

On a pris d'un cylindre d'acier deux tranches de trois lignes de diametre, percées d'une échancrure & que l'on a appliquées obliquement sur l'arbre ou tige du balancier à l'endroit M. L'intervalle de ces deux tranches sur l'arbre est de deux tiers de ligne ou environ ; ces tranches seront appellées palettes. Une roue N de 15 ou 20 dents engréne dans ces palettes, qui étant posées sur la tige en sens contraire, il arrivera que pendant le mouvement circulaire du balancier O, lorsqu'une des deux frotera sur la palette superieure, cette palette venant à échapper, la même dent tombera sur la palette inférieure, d'où elle échappera de même ; ce qui se fera lorsque le balancier revenant sur ses pas rencontrera par la palette supérieure une seconde dent de la roue N, pour ensuite échapper comme la précédente.

M iij

1716.
No. 177.

La suspension DEGH est adaptée à la Montre pour que les différens mouvemens du vaisseau ne lui causent aucune altération. Cette suspension qui ne diffère en rien de celle dont on se sert pour les boussoles, est composée de deux cercles DE, GH ; la Montre tient par deux pivots autour desquels elle peut se mouvoir, au cercle DE, le plus près du centre. Ce cercle tient de la même façon au dernier cercle GH ; ensorte que soit dans le tangage ou dans le roulis du vaisseau, la Montre par sa suspension supplée à ces différens mouvemens en se mettant toujours par son propre poids dans une situation horisontale.

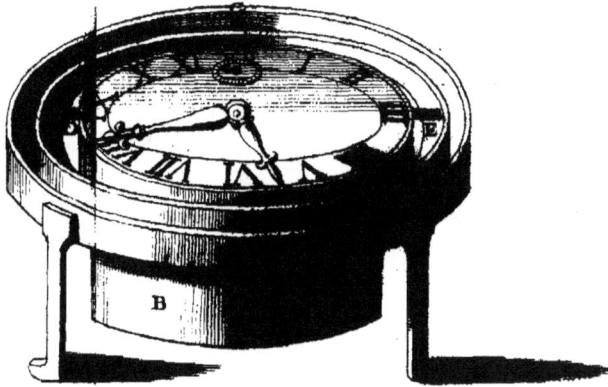

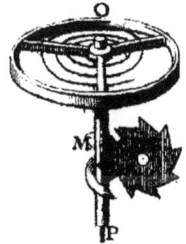

MANIERE

D'EVITER LES FROTEMENS

DANS LES ÉCHAPPEMENS DES MONTRES,

INVENTÉE

PAR M. SULLY.

LA plûpart des variations des Montres n'étant occa-
sionnées que par les frotemens des pivots dans leurs
trous , M. Sully inventeur de la Machine précédente, a
imaginé d'enfermer les pivots du balancier ABC dans quatre rouleaux , dont la position est marquée par les lettres
CDEF ; ces rouleaux font pratiqués tant à la partie inférieure C du balancier qu'à sa partie supérieure ; les extrémités de la tige portent sur des diamans ou pierres extrémement dures & polies : pour placer ces rouleaux , on fait
à la platine GH quatre trous également éloignés du trou I,
où doit passer la tige du balancier; quatre autres trous qui
correspondent à ceux-ci sont faits de même au coq LM ,
sous lequel doivent circuler le balancier & les rouleaux, leurs
pivots étans pris dans ces trous faits à la platine & au coq;
& afin qu'il y ait une plus grande diminution de frotement de la part de la roüe de rencontre NO , son arbre
NP est pareillement soutenu par quatre autres petits rouleaux posés verticalement , & enfermés dans une chape
RS fixée à la platine de la Montre.

1716.

Nº. 177.*

CHAISE

Planche 2.

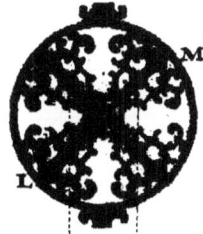

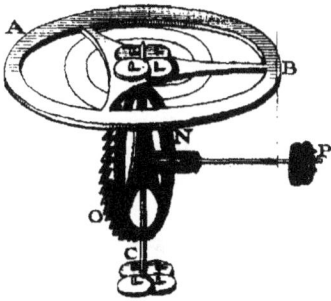

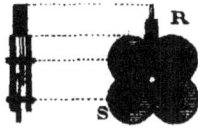

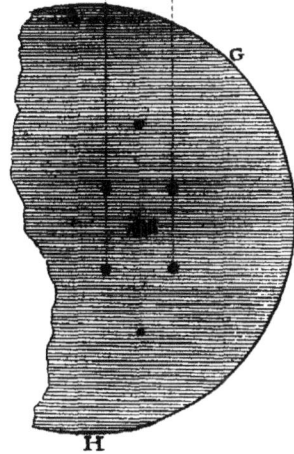

N.° 177.★

CHAISE DE POSTE

INVERSABLE,

INVENTÉE

PAR M. GODEFROY.

LA Chaise AB est dans un brancard ordinaire CD ; le coffre de cette Chaise est fixé sur un second brancard EF, GH, placé plus bas que le premier, & suspendu au point I par une fourchete EF, dont les branches se réünissent à un anneau pour être reçu par le crochet I. L'autre bout GH de ce brancard est pareillement suspendu par la piece RS à la poulie P ; de maniere que ce brancard peut se mouvoir horisontalement sur les deux points I, P. Le crochet IOL est fixé en L, & soutenu en O par le ressort MN, qui sert à adoucir cette suspension.

Le fond TV de cette Chaise doit être chargé d'un poids déterminé suivant la grandeur du coffre ; ce fond est aussi tiré par un ressort XY, dont l'usage est de retenir & d'empêcher que cette Chaise ne tombe trop en avant dans une descente ; le ressort est attaché par son milieusous le train de derriere à l'endroit C.

La Chaise étant donc suspendue par les deux points P, I, sur lesquels elle peut se mouvoir en tous sens, & cette suspension se trouvant au-dessus du centre de gravité, il

1716.

N°. 178.

est clair que lorfque l'une des rouës rencontrera une orniere, le corps de la Chaife chargé d'un poids dans le fond,
indépendamment de la perfonne qui peut y être, décrira
un arc autour des points de fufpenfion, du côté qu'elle
panchera ; par conféquent elle fera toujours droite, quelque
fituation que prenne le train. L'on peut en dire la même
chofe de ce qui a été dit du Caroffe inverfable de M. De
Camus, approuvé en 1713. c'eft-à-dire, que fi les bran-
cards étoient éloignés l'un de l'autre de toute la hauteur
de la Chaife, lorfqu'un des effieux viendroit à rompre,
cette Chaife pourroit tomber toute droite, par la détermi-
nation qu'elle a à caufe du poids qu'elle renferme. Au
furplus on laiffe à l'expérience à en juger plus particuliere-
ment. Il faudra toujours obferver que les parties qui la fupportent foient folidement conftruites & jointes au point de
fufpenfion, de maniere qu'elles ne s'en puiffent déplacer,
quelque choc qu'il lui arrive.

Il eft bon de faire remarquer ici qu'on ne s'eft point attaché à déterminer dans la premiere figure la maniere dont
l'effieu doit tenir au train ; & cela pour ne pas embarraffer
la Mecanique, où le principal objet de cette invention.

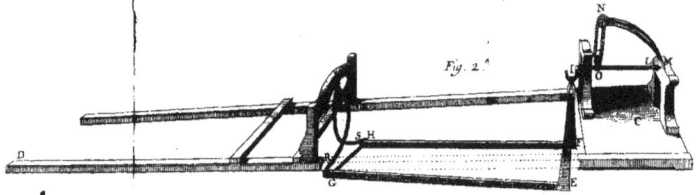

Fig. 2.^e

Fig. 1.re

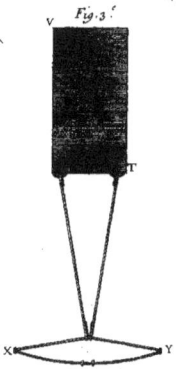

Fig. 3.^e

Barbicot Sculp.

N. 276.

ESCALIER

A RÉPÉTITION,

INVENTÉ

PAR M. GODEFROY.

L'ESCALIER AB est composé de quatre jouës A,C,D,E, entre lesquelles sont établis trois rangs de marches FN, GI, HO.

1716.
No. 179.
Fig. I.

Les marches F, H, sont de niveau, de même que toutes celles qui se trouvent dans les deux rangées FN, HO. Le rang du milieu GI est placé de maniere que la table ou giron de chaque marche comme G répond au milieu de la hauteur des deux autres F, H, comme on le voit dans la Figure II. desorte que ces marches peuvent avoir environ 9 à 10 pouces de haut sur 7 à 8 de giron sans être plus incommodes pour cela ; car mettant un pied sur la marche L & l'autre sur la marche M ; il est clair que l'on n'a que la moitié de la hauteur de la marche pour le mouvement, c'est-à-dire, 4 pouces, qui est la hauteur la plus commode : l'on place au haut de l'Escalier deux tireveilles à l'ordinaire.

Dans la construction de cet Escalier, on observera de placer leur hauteur PQ tout-à-fait inclinée sur la jouë, afin de profiter de toute la largeur du giron RS, qui doit être

N ij

pareillement incliné & proportionnellement à la pente que l'on veut donner à l'Efcalier, par ce moyen les marches fe trouveront horifontales.

Le principal ufage de cet Efcalier à trois rangs de marches, eft pour les Vaiffeaux, où il monte & defcend continuellement beaucoup de monde. A l'égard des maifons où les places fe trouvent étroites, on ne le pourroit faire qu'à deux rangs.

Ce même Efcalier a été inventé & executé en 1699. à ce que rapporte M. Godefroi, qui l'a préfenté à l'Académie en 1716.

Fig. 1.re

Fig. 2.

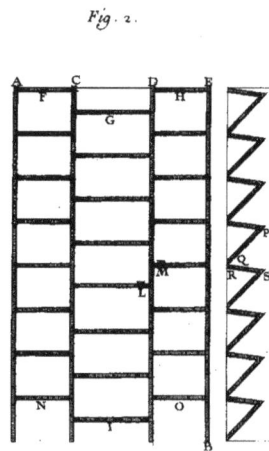

Hernesse sculp.

MACHINE

A VANNER LES GRAINS,

INVENTÉE

PAR M. LE BARON DE KNOPPERF.

LE grain que l'on veut vanner, se jette dans la tremie A; ce grain coule dans l'auget B, & ensuite retombe entre les deux volets C, D. Le premier C est pour borner l'espace de la vanne, & le volet D s'oppose au mélange qui se feroit de la paille & du mauvais grain avec le bon; l'ouverture E sert à tirer le grain de la boëte à mesure qu'on le jette dans la tremie A, qui est portée par les quatre tremions 1, 2, 3, 4.

1716.
N°. 180.
Fig. I. & II.

L'arbre auquel les ailes sont attachées est porté par les deux montans G, H, dans lesquels cet arbre peut tourner librement au moyen de la manivelle M. La coupe intérieure de l'arbre qui porte les ailes, est représentée en profil; l'extrémité I est quarrée; & lorsque l'arbre tourne sur lui-même, ses angles en tournant attrappent le bout N du levier LN attaché au montant G, le centre de mouvement étant en P, moyennant quoi l'autre extrémité L du levier qui tient à l'auget B par une corde, imprime des saccades à l'auget, suspendu par quatre cordes aux tremions.

Fig. III.

On conçoit de cette Mécanique que l'arbre en tour-

N iij

nant fera faire aux ailes un vent proportionné à la vîteſſe que l'on lui imprimera, & que par le mouvement de l'au-get, le bled étant chaſſé vers le bas, la paille & le reſte du ſuperflu en fera ſeparé par le mouvement des ailes.

Quoique la Mécanique employée dans cette Machine ſoit la même que celle qui ſe trouve dans *Agricola, de Re metallica*, pour faire des portes-vent, dont l'uſage eſt de donner de nouvel air aux Ouvriers qui travaillent aux mines; cependant on peut regarder cette application comme utile, & dont l'expérience ne doit pas beaucoup couter.

Voici la même Machine renduë plus parfaite & miſe en uſage en Flandres.

Fig. 1.re

fig. 2.e

Fig. 3.e

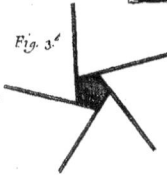

Echelle d 1   2   2   4 pieds

Marisset Sculp.

MACHINE

A VANNER LES GRAINS,

PERFECTIONNÉE

PAR M. LE BARON DE KNOPPERF,

1716.
Nᵒ. 181.

CETTE Machine, de même que la précédente, est composée d'une boëte AB, dans laquelle est renfermée une roue à vannes C, dont l'arbre porte un pignon D mené par la roue dentée E, dans laquelle il engréne. Cette roue est mise en mouvement par une manivelle fixée à son centre; de maniere que la roue dentée & la vanne doivent avoir une grande liberté de tourner sur leurs pivots. Au-devant de cette vanne est une trémie F qui contient le bled que l'on veut vanner, & qui sort par une ouverture pour tomber au travers du treillis G qui est agité de côté & d'autre par des cordes qui tiennent à des ressorts de bois que l'on va expliquer. Ce bled après avoir passé au travers de ce treillis retombe sur un plan incliné HK fixe dans la caisse; à son extrémité est un second treillis K, au travers duquel passe le grain qui tombe le long du plan incliné, après avoir été vanné. Le premier treillis est agité en cette sorte. Une roue L est attachée à

1716.
Nº. 181.

l'extrémité de l'arbre de la vanne oppofée au pignon; cette roue porte fur fa furface 4 plans inclinés, pofés circulairement en fuivant les bords du cercle. Le bout d'un reffort de bois MNO fixé par fa partie N au côté de la boëte, fuit exactement les plans inclinés fur lefquels il porte alternativement, ce qui fert à écarter plus ou moins l'autre extrémité O du reffort; c'eft à ce bout que tient une corde attachée au treillis G, qui par ce mouvement eft tirée & lâchée alternativement: un fecond reffort PR de même matiere que le premier, eft pareillement fixé du côté B à l'endroit P. Ce reffort auquel eft attachée une autre corde R qui tient au treillis G, obéït à l'autre reffort, lorfqu'un plan incliné le fait écarter de la boëte; le premier recevant cette impreffion par la communication des cordes du treillis, eft obligé de fe bander pour revenir dans fon état naturel, lorfque l'autre reffort lui permet, en retombant dans le défaut du même plan incliné, & ainfi fucceffivement. Le treillis G eft agité de côté & d'autre, & difperfe le bled qui fe nétoye en tombant, le vent produit par la vanne, fait fortir la paille & le mauvais grain par l'intervalle que le plan incliné HI, & le treillis G laiffent entre eux. Voici quels font les avantages de cette Machine fur la précédente.

1º. La rapidité des révolutions de la vanne étant augmentée par le pignon attaché à fon arbre, il s'enfuivra néceffairement un vent plus fort & plus capable d'épurer le grain.

2º. La vanne ayant une grande vîteffe, il s'enfuit que le treillis fera d'autant plus violemment agité, puifqu'il donnera 8 faccades par révolution de la rouë L ou de la vanne; par ce moyen le bled s'écartera en tombant & donnera paffage au vent pour chaffer tout ce qu'il contient d'impur.

3º. Le bled étant à couvert par le plan incliné HK, les
ordures

ordures qui en fortent ne peuvent plus y être pouffées
par aucun autre vent ni s'y mêler , pourvû qu'on ait le
foin de couvrir les pieds de devant de la Machine. On
aura foin auffi d'étendre quelque chofe , ou de tenir propre le deffous de la Machine où le bled doit tomber après
avoir été vanné.

1716.
N°. 181.

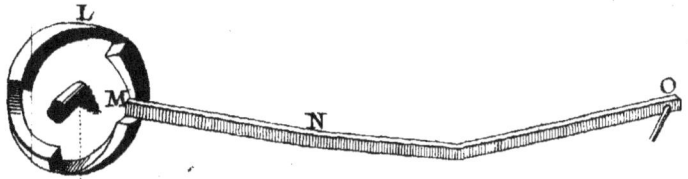

Dheulland Sculp.

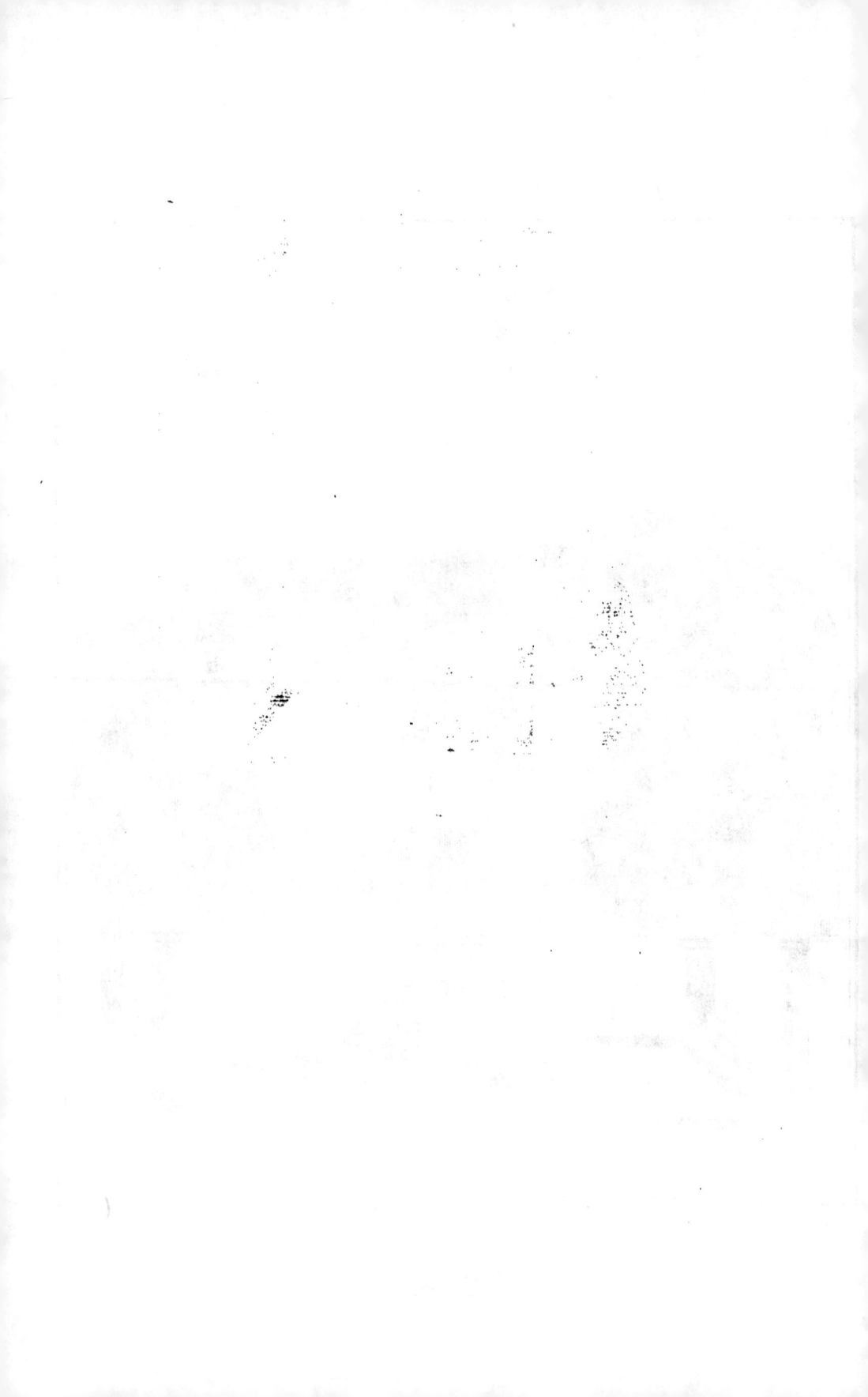

RECUEIL
DES MACHINES
APPROUVÉES
PAR L'ACADÉMIE ROYALE
DES SCIENCES.

ANNÉE 1717.

CAROSSE

QUI NE PEUT VERSER,

INVENTÉ

PAR M. DE CAMUS.

C E Caroffe eft compofé d'un coffre ordinaire AB, fufpendu par le milieu de fon corps en CD ; ces points étant fupérieurs aux fieges du coffre , la charge fe trouve au-deffous des mêmes points de fufpenfion.

1717.
N°. 182.

Un brancard MNOP , qui ordinairement eft au-deffous du fond du coffre , fe trouve ici tranfpofé à l'imperiale. Ce brancard eft foutenu par fes extrémités MP , NO , fur le train de devant en IL , & fur celui de derriere en HQ , au moyen des barres de fer HG , QN , LM , IF , qui fe croifent. Ces barres font fixement attachées au brancard , & folidement empatées fur les trains : le côté OP oppofé à celui-ci , eft foutenu de la même maniere.

Les rouës RX de l'avant train font égales à celles de derriere. Le train étant ainfi conftruit , on fufpendra le coffre par les points C, D, avec des foûpentes femblables à celles dont on fe fert , telles que CF , DG , ou VS , dont chacune paffe dans une efpece de boucle S , fixée au brancard à l'endroit où la bare ST le joint : il en eft de même pour les trois autres foûpentes.

Cette maniere de fufpendre procure , 1°. l'avantage de

O iij

1717.
N°. 182.

tenir le Caroſſe toujours droit, quelque hauteur qu'il rencontre, pourvu cependant que cette hauteur ne ſoit pas aſſez conſidérable pour faire verſer tout le train. L'Auteur prétend que quand même deux rouës du même côté manqueroient le coffre ne verſeroit point; & cela parce que la charge ſe trouvant au-deſſous de la ſuſpenſion, cette peſanteur entraîneroit néceſſairement le coffre qui tomberoit ſur ſa baſe, ſur-tout ſi le brancard avoit la liberté de paſſer par-deſſus l'imperiale.

Le ſecond avantage conſiſte en ce que ſubſtituant des grandes rouës à l'avant-train à la place des petites, ces grandes rouës enfonceront moins dans des terres graſſes, & leurs moyeux ne s'y engageront point.

Enfin le troiſiéme avantage eſt que par l'élevation des rouës de devant, on eſt obligé d'élever auſſi le timon beaucoup plus haut que de coutume; par conſéquent le trait devient preſque parallele au tirage, & lorſque le Caroſſe tombe trop ſur le devant, les chevaux ſe trouvent encore d'autant ſoulagés, les efforts qu'ils font ici pour élever & retirer le Caroſſe de ſon enfoncement, n'étant point comparables à ceux qu'il faut qu'ils faſſent aux équipages ordinaires en pareil cas.

A l'égard de la tranſpoſition du brancard qui rend le Caroſſe inverſable, bien loin d'être avantageuſe, elle paroit au contraire devoir rendre cette invention impraticable; car ſi l'on conſidére la maniere de joindre les deux trains au brancard indépendamment des difficultés de l'exécution, l'on voit qu'elle devient par elle-même défectueuſe. Enſuite ſi l'on ſuppoſe le Caroſſe en marche, ſur-tout dans une deſcente, l'on conçoit que la traction des rouës de derriere par rapport à celles de devant, tend à écarter les deux trains, ſoit en rompant les barres, ſoit en les arrachant des endroits où elles ſont fixées, où enfin en rompant le brancard, à moins qu'on ne le fit très-fort; ce qui avec le poids des barres de fer, rendroit l'équipage fort pefant , & couteroit beaucoup à conftruire.

On pourroit peut-être ajouter à ce train un brancard compofé de deux côtés , qui retenus à chaque extrémité aux deux trains , fe couderoient pour embraffer le corps du Caroffe dont on les écarteroit un peu.

1717.
N°. 182.

NOUVEAU

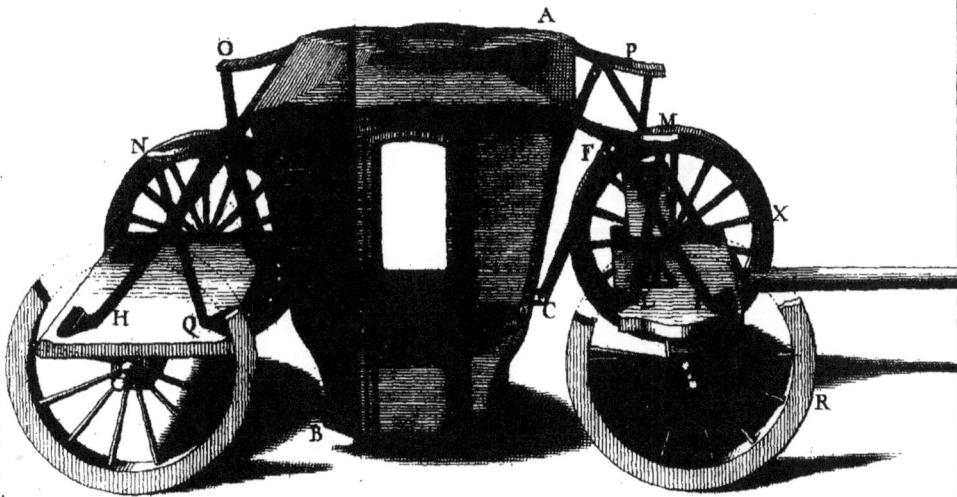

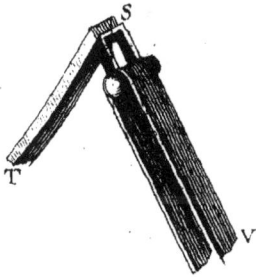

Herisset Sculp.

NOUVEAU COMPAS

POUR PRENDRE EXACTEMENT

SUR TOUS PLANS

LES ANGLES DES DÉGRÉS ENTIERS,

DES DÉGRÉS ET MINUTES,

DES DÉGRÉS, MINUTES ET SECONDES ENSEMBLE;

ET

POUR LES MARQUER SUR LE PAPIER,

INVENTÉ

PAR M. DUVAL.

A eft le centre des branches du Compas, AC, AI. A*a* eft le clou de la tête; ce clou eft un cylindre qui paffe un peu d'un côté, & s'éleve plus de l'autre côté à l'endroit *a* qui eft fon fommet. A *na* marque l'axe de ce cylindre, dont *m n a* eft le quart formé par deux coupes faites le long de l'axe. A *c*, A *i* font les lignes de foi, & *db* eft le finus d'un dégré retiré fur la branche A *i* en KL. Les deux branches étant fermées, les triangles *dcb*, KIL font l'un fur l'autre; les divifions du dégré *db* font marquées fur la

1717.
N°. 183.

1717.
Nᵒ. 183.

ligne *cb*, femblablement fur la ligne IL fi l'on veut. Un demi-cercle, ou un quart, eft attaché à la branche A 22 au
point *d*, & paffe fous la branche A 3, dans une ouverture
faite fous le point L ; ce qui n'empêche pas le point L
de s'avancer jufques fur *b*. Sur la même branche proche du
point L eft un trou pour un clou à vis, qui fixera le demi-
cercle & la branche A 3 fur le dégré qu'on voudra. Dans
la branche A *c* eft un canal, 2, 2 pour loger le tenon de la
pinule *x* fait en queuë d'aronde ; ce canal doit être de même figure, la ligne 2, 2, eft parallele à la ligne C*b* ; la pinule *x* eft mobile dans le canal, fon côté 4, 4, infifte toujours perpendiculairement fur C *b*, & doit pouvoir s'avancer jufques fur la pointe C : une feconde pinule *y* pourra fe
placer où l'on voudra fur la branche A 3 : le côté 5, 5,
étant perpendiculaire fur la ligne AKI, la branche AC ou
AI étant de 6 pouces, *bc* de 3 pouces, toutes les minutes
feront fenfiblement marquées. Soit donc la minute I divifée en 6 fecondes ; 3, 3, eft un canal parallele à la ligne
IL ; la troifiéme pinule Z ne différe en rien des premiéres, elle eft mobile dans le canal 3, 3. Cette pinule fe pouffera & fe retirera par l'extrémité de fon tenon, qui regarde
la tête A du Compas.

La Figure II. notée par la lettre B, marque le profil du
Compas & de fon pied ; B eft le genou. L'enfoncement
A eft circulaire & fert à loger la partie du clou du Compas qui excéde un peu du côté de la tête. Au-deffus de cette ouverture eft élevée perpendiculairement une autre piece *b* qui porte une ouverture de même diametre que A,
& qui eft pour recevoir le cylindre A *m*, *n*, *a*, de la premiere Figure. C *d* contient la hoche de l'ouverture faite
fous le point L, & la partie LA de la branche peut repo-
fer fur la fuperficie plane CK*n*A ; *d*E eft le prolongement
du genou qui peut foutenir la partie de la branche au-delà
de la hoche de l'ouverture jufqu'à la pointe I : *d* F eft le
finus d'un dégré retiré fur la fuperficie plane de la regle

*d*E , EF fera divifé comme la ligne CB , ou IL : KL*mn*
eft une place pour y pratiquer une bouffole : *p* eft une pointe faillante qui fert à foutenir un plomb qui doit toucher le
point O. Lorfque la Machine eft pofée horifontalement
& eft en équilibre comme au point G ; le tenon GH eft
arrêté dans une charniere où joüera le genou verticalement pour faire les opérations requifes. I eft la pointe de
cette charniere , qui fe pourra ficher fur un pied. On peut
faire une petite pince pour mordre la branche du Compas
& la regle *d*E , & les fixer tous deux.

L'ufage de ce Compas eft le même que celui du demi-
cercle ou graphometre dont on fe fert pour lever des Plans
& des Cartes , & on pourra par cet inftrument operer
avec affez de précifion , pourvu qu'il ne s'agiffe pas de
grandes opérations , à caufe de la difficulté de joindre des
lunetes à cette Machine.

1717.

N°. 183.

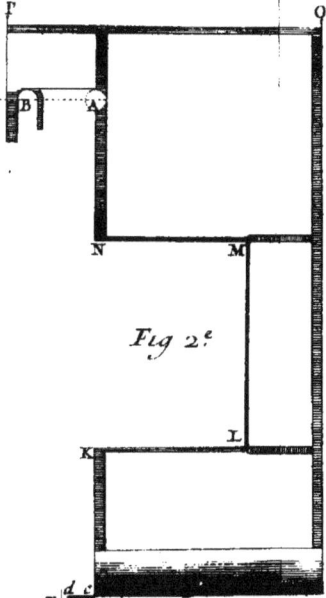

Fig 1ᵉ

Fig 2ᵉ

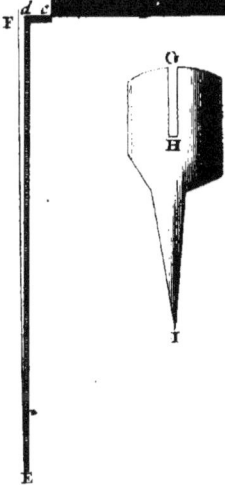

MATELAS,

INVENTÉ

PAR M. DE LA CHAUMETTE.

LE Matelas AB eft conftruit de deux Matelas fimples poſés l'un ſur l'autre; un de ces Matelas a une ouverture CD faite ſuivant ſa longueur & dans le milieu de ſa largeur, au moyen de laquelle ce Matelas peut être retourné pluſieurs fois, c'eſt-à-dire, qu'après avoir ſervi ſur les deux premiers côtés (en obſervant de boucher le vuide qui reſte dans ſon milieu par l'ouverture du Matelas de deſſus) on le retourne enſuite ſur ſes deux autres côtés, en faiſant paſſer le Matelas de deſſus par l'ouverture CD; le Matelas ſe trouve ainſi retourné, d'où il ſuit qu'il pourroit ſervir quatre fois au lieu de deux. Ce Matelas pourroit être commode pour les Hôpitaux où il y a peu de déſervans, par rapport au grand nombre de malades dont ils ſont quelquefois fournis.

1717.
N°. 184.

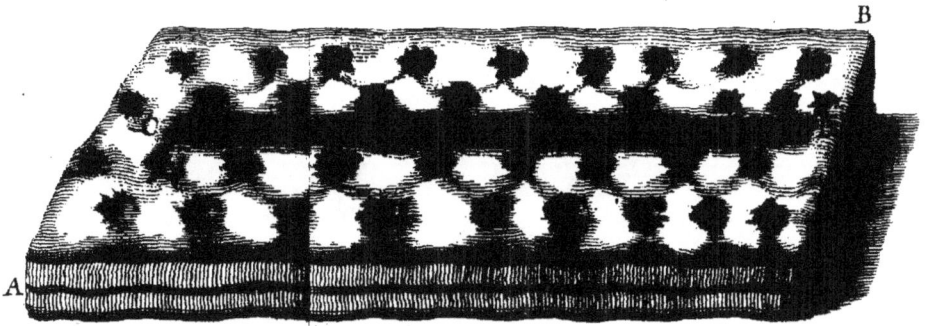

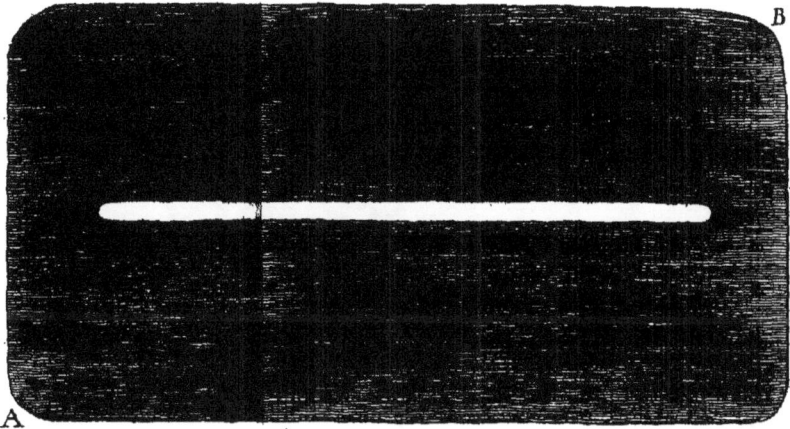

MOYEN

DE GARANTIR DU NAUFRAGE

LES BATEAUX

QUI PASSENT SOUS LES PONTS,

PROPOSÉ

PAR M. FIGUIERE.

CETTE maniere de garantir de naufrage confifte à matelaffer les avant-becs d'amont qui fe trouvent entre les arches où l'on paffe le plus. Soit l'avant-bec AB propofé, le matelas eft élevé à plomb de la hauteur de 4 ou 5 pieds fur les bords d'une charpente KLONMIE, qui contient l'avant-bec 1, 2, G, 3, 4; la partie ONM eft jointe aux deux autres LK, IE par des cordes, & précede de beaucoup l'avant-bec. Aux extrémités de ces deux dernieres parties, on ajoute encore de la même maniere des oreillons qui embraffent les pieds droits de l'arche. Tous ces corps flotans font retenus par des chaînes qui paffent fur des poulies fixées à une charpente en confole PQR, STV, qui eft pofée deffus l'avant-bec; elle eft faite de plufieurs morceaux qui s'enfilent les uns fur les autres dans quatre montans 1, 2, 3, 4, folidement appliqués fur les côtés de l'avant-bec, chaque chaîne tient à un de fes bouts, un poids & tous ces poids fervent enfemble de

1717.
No. 185.

1717.
N°. 185.

contrepoids à la Machine, ainſi qu'on le peut voir aux avant-becs CD, CD; un de ces avant-becs repréſente le matelas conſtruit de cordes, de cuirs, de mouſſes & autres matieres molles; l'autre fait voir le matelas revêtu de toile ou autre étoffe. Il faudra que ce matelas ſoit enfoncé de deux pieds dans l'eau.

On fauſilera les chaînes de cordes & toiles gaudronées. L'uſage de ces contrepoids eſt de tenir ces éperons en reſpeƌ & de leur permettre de monter & deſcendre ſuivant les crues & décrues des eaux. L'on conçoit que ce corps étant fléxible, lorſqu'un bateau qui deſcendra viendra heurter contre cet éperon, le coup s'amortira & le bateau ſera dirigé dans le fil de l'eau.

Ce projet a été propoſé pour le Pont-Saint-Eſprit ſur le Rhône, dont la rapidité cauſe de frequens naufrages aux bateaux qui deſcendent ce Fleuve. Voici les inconveniens que l'on croit trouver dans cette conſtruƌion.

1°. Il faut ſçavoir ſi les avant-becs ne retreciront point trop le paſſage de l'arche par leurs oreillons, qui avancent du moins de quatre pieds plus que la maçonnerie des piles, ce qui fait un retreciſſement de plus de 8 pieds pour chaque arche, leſquelles ſont déja fort étroites.

3°. Si les chaînes qui ſoutiennent les avant-becs flottans auront le reſſort néceſſaire à cauſe de la rapidité du torrent qui tend à faire avancer les avant-becs vers les piles.

4°. Si ces chaînes ainſi tenduës & auſſi fortement preſſées vers les piles, permettront aux avant-becs de ceder de côté auſſi facilement qu'on le ſuppoſe, parce qu'un corps de charpente de 5 toiſes qui eſt la longueur de ces avant-becs, d'une largueur & épaiſſeur proportionnée, doit être d'un fort grand poids.

On n'examine point les allonges de charpente qu'on veut faire ſur le haut des piles en forme de conſoles pour ſoutenir les chaînes, ni la difficulté qu'il y aura à placer ces Machines dans un endroit ſi difficile par la prodigieuſe
rapidité

rapidité du courant , ni ſi la maniere de matelaſſer les avant-becs ne ſera pas ſujette à de grandes réparations.

Cependant cette invention eſt ingenieuſe & pourroit être utile en y faiſant les changemens & les additions qu'on ne peut apprendre que de l'expérience.

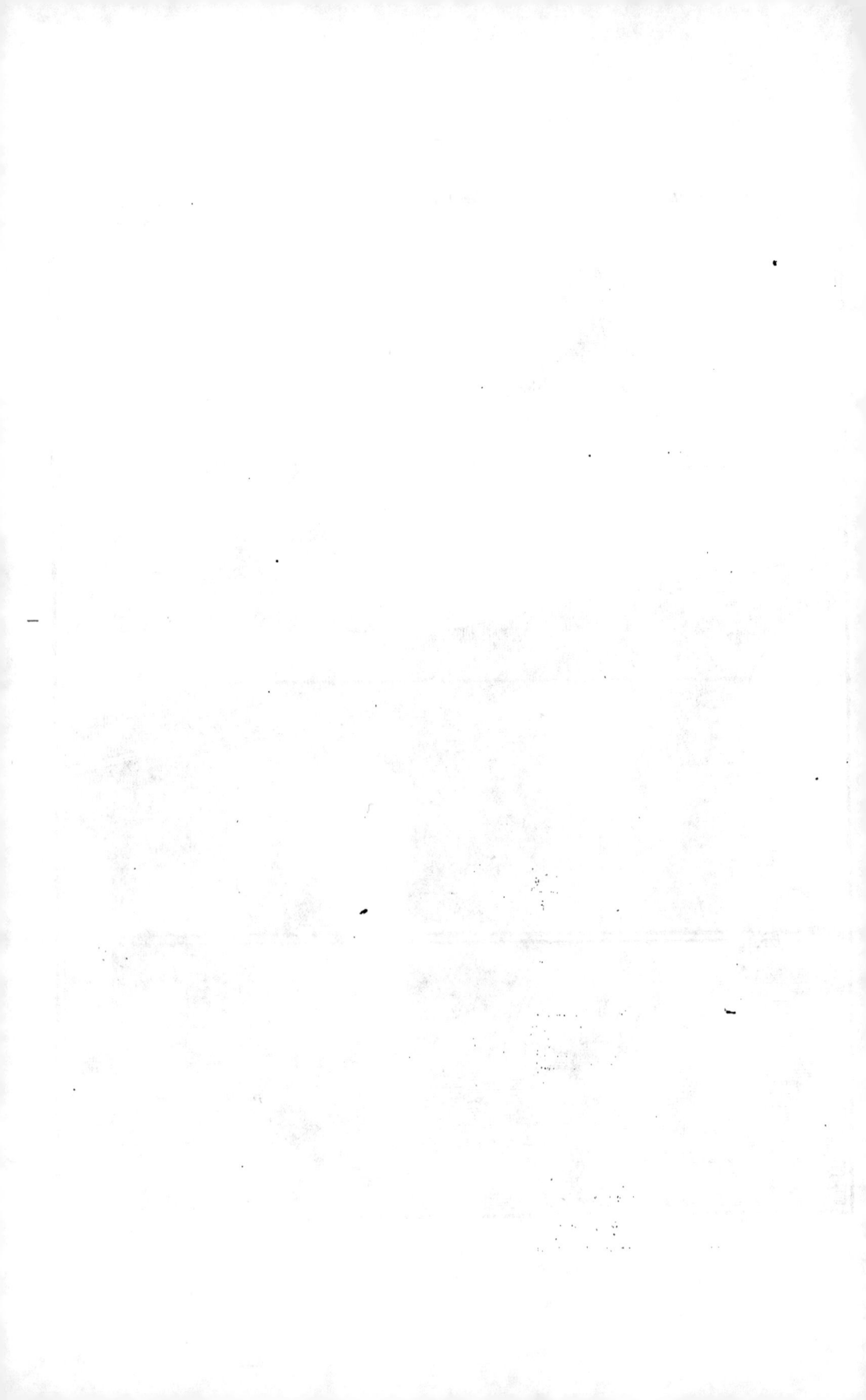

ROUE

A ÉLEVER DE L'EAU,

INVENTÉE

PAR M. JOUÉ.

1717.
Nº. 186.
PLANCHE
I.
FIG. I. & II.

LEs rais de cette rouë portent à leurs extrémités des caſſotes 1, 2, 3, 4, 5 & 6; trois de ces caſſotes ſe voyent dans cette Figure, les trois autres ne ſe peuvent voir que ponctuées, étant cachées par les deux murs A, B; ces murs ſont ſuppoſés fondés dans une riviere, dont le courant paſſe dans l'intervalle qu'ils laiſſent entre eux.

La rouë eſt ſupportée par ſon arbre ſur les deux murs aux endroits C, D. Les extrémités de cet arbre ſont aſſujéties de maniere que la rouë peut tourner librement ſur elle-même. Le courant étant ſuppoſé venir du côté que la fléche marque, les plus grands côtés des caſſotes doivent toujours ſe préſenter au courant, & elles ſervent toutes enſemble à ſe remplir & à ſe remonter. Un reſervoir EL eſt établi ſur le mur C: c'eſt dans ce reſervoir que les caſſotes ſe déchargent ſucceſſivement au moyen d'une cheville P qui eſt fixée au même reſervoir.

Chaque caſſote eſt un coffre FGHI. Le plus grand côté GF vû de profil, eſt celui qui ſe préſente au courant; & le côté moyen FIHG, eſt l'endroit où eſt appliqué le

FIG. II.

FIG. III.

Q ij

1717.
N°. 186.

mouvement pour boucher & déboucher alternativement les ouvertures pour la décharge de l'eau ; les côtés HG, IF forment deux coulisses dans lesquelles entre une piece de fer *a n b* qui s'y peut mouvoir librement, lorsqu'elle est poussée par la regle de fer coudée *b nc d*, dont le centre du mouvement est sur le rayon de la roue en *c*. Il faudra observer en assemblant la piece *a n b* à la regle coudée *b n c d*, que cette derniere soit mobile à cet endroit, pour des raisons que l'on appercevra dans la suite.

Les ouvertures R, S, sont pratiquées sous la piece *b n a*, que cette piece doit boucher exactement ; il faut donc la concevoir mobile entre les deux coulisses de *n* en *o*, sa position est ici ponctuée de *o* en *n*.

Si l'on suppose à présent que cette cassote soit pleine & que la roue tourne suivant l'arc IZ, l'on voit que quand l'extrémité *d* de la regle coudée *d c n b* mobile en *c* viendra à rencontrer le point fixe P, la regle coudée *d c n b* chassera la piece *b n a* de *n* en *o*; les trous se trouvans alors débouchés, la cassote rendra son eau dans le reservoir, comme on le voit dans la premiere & la seconde Figure. La roue circulant toujours, cette cassote restera ouverte & se prolongera en se remplissant jusqu'à ce qu'elle rencontre une autre cheville ou point fixe, semblable au premier ; celui-ci est établi au mur AC, dans le fond de la riviere en Y : (Figures premiere & seconde) pour lors l'extrémité *b* de la piece *b n c d* venant à rencontrer le point fixe Y, la regle coudée tirera avec elle la piece *b n a*, & les trous se trouveront bouchés jusqu'à ce qu'elle rencontre de nouveau le point fixe supérieur.

Il n'y a à craindre dans cette construction qu'un inconvenient qui pourroit rendre cette Machine d'un grand entretien ; c'est que les rivieres qui charient beaucoup de sable & d'ordures, rempliroient les coulisses & empêcheroient par ce moyen l'ouverture & fermeture des cassotes, & pourroient encore les faire rompre.

Sur cette objection l'Auteur a changé la construction de cette Machine, en substituant à la place des cassotes, des seaux suspendus par leurs anses, dont on voit la Figure dans la Planche suivante.

1717.
Nº. 186.

Fig. 2e.

Fig. 1re.

Fig. 3e.

AUTRE ROUE

A ÉLEVER DE L'EAU,

INVENTÉE

PAR M. JOUÉ.

L A roüe **AB** eſt ſuppoſée ſur un batis & ſur des pivots fixés à l'extrémité de ſon eſſieu, autour deſquels elle peut ſe mouvoir librement.

1717.
N°. 187.
PLANCHE II.
FIG. II.

Des aubes à l'ordinaire occupent la moitié **CD** de l'épaiſſeur de la roüe; l'autre moitié eſt garnie tout autour de 6 armures de fer, auſquels les ſeaux 1, 2, 3, 4, 5 & 6, ſont ſuſpendus. Chaque ſeau par ſon anſe **EF**, a un boulon de fer **GH**, dans lequel l'anſe du ſeau peut librement tourner. Ce boulon eſt aſſujéti à un des rais de la roüe **IL** par le moyen de pluſieurs liens de fer, ainſi qu'on le peut voir par la Figure.

Cette roüe expoſée à un courant tourne néceſſairement: les ſeaux étant toujours perpendiculaires s'enfoncent dans l'eau ſucceſſivement l'un après l'autre, & ſe rempliſſent, comme on le voit aux ſeaux marqués 3 & 4, dont l'un eſt prêt à ſe remplir & l'autre à ſortir plein. Cette roüe tournant toujours, & ayant diſpoſé un reſervoir **R**, contre le bord duquel le ſeau va heurter un peu au-deſſous de ſon centre de gravité, il ſe vuide dans ce même reſervoir. A l'extrémité oppoſée **TV** il y a un rouleau que le bord du feau rencontre à la fortie du refervoir, ce qui empêche le bord de ce même refervoir d'être ufé par les fréquens chocs des feaux à leur fortie.

Cette rouë eft préférable à la premiere en ce que la maniere de fufpendre ces feaux eft beaucoup plus fimple & moins fujette que celle d'établir des caffotes : dans l'un & l'autre cas il faudra un puiffant moteur pour faire agir ces Machines.

DIFFERENTES

Fig. 1.ʳᵉ

Fig. 2.ᵉ

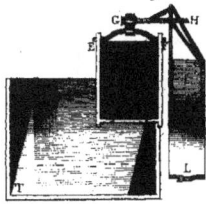

DIFFERENTES MANIERES

DE PAVER LES CHEMINS,

PROPOSÉES

PAR M. LE LARGE.

●

On donne ici pour Deſcription le Memoire même de
M. le Large, parce qu'il contient & peut faire
naître pluſieurs refléxions utiles.

A & E eſt le profil d'une jante de roue dans un joint en
long , laquelle ſur du pavé ébué ſe trouve du fort au foible
enfoncée d'un demi pouce au-deſſous du haut des pavés,
& par là de deux en deux pavés cet accident fait monter
les voitures d'un demi pouce , ce qui va ſur chaque lieuë
de chemin à 66 toiſes de hauteur perpendiculaire.

B. Profil d'une jante de roue ſur le haut d'un pavé dont
le bandage qui ne touche le pavé qu'en un point , doit
être regardé comme un ciſeau qui ciſelle les pavés , ce qui
les réduit inſenſiblement à rien , & leur donne une figure
en dos de bahut très-nuiſible aux voitures; le poids de la
voiture par le moyen des cahots , ſert de marteau à notre
ciſeau; & pour le pavé , les voitures ſont autant de damoi-
ſelles, pour ne pas dire de moutons, qui les frappent & qui
les enfoncent fort inégalement.

Rec. des Machines.   TOME III.   R

1717.
Nº. 188.

1717.
Nº. 188.

C. Profil d'une jante de roue de 4 pouces de large fur un joint en long , laquelle largeur l'empêche d'entrer dans les joints & de gliffer , & par là , ni fon bandage ne peut ébuer le pavé , ni le pavé ne peut ébuer le bord de fon bandage , ni même l'ufer aucunement.

D. Profil d'une jante fur un joint en large pour faire voir qu'une roue n'entre prefque pas dans ces joints , & par là qu'ils ne nuifent aucunement aux voitures.

La maniere la plus parfaite de paver les chemins , eft celle qui donne occafion aux roues des voitures de rendre les chemins unis de plus en plus ; & au contraire la maniere de paver la plus imparfaite eft celle qui donne occafion aux roues des voitures de rendre de plus en plus les chemins raboteux.

Il y a de deux fortes de joints dans la maniere ordinaire de paver , les joints en long , & les joints en large.

Les joints en long font un obftacle aux voitures beaucoup plus grand que les joints en large.

Si nous fuppofons un chemin pavé avec du pavé de huit pouces & parfaitement uni , comme des carreaux de marbre , les joints à l'ordinaire d'environ un pouce , & que ce chemin foit fi bien pavé , que par la fuite il ne s'y trouve ni pavés élevés , ni pavés enfoncés , le feul arrangement du pavé fera que les roues des voitures uferont les bords des pavés qui forment les joints en long a un dégré tel , qu'ils formeront un obftacle égal à une pente d'un fur fix , qui eft une pente auffi roide que celle du pavé de la riviere du jardin de Marly. Pour les joints en large , ils ne s'uferont prefque point , & quand ils s'uferoient autant que les joints en long , ils ne feroient qu'un obftacle égal à une pente d'un fur vingt-quatre , qui n'eft que le quart de l'obftacle que forment les joints en long.

Il eft bien vrai que le peu de largeur que l'on donne aux roues (deux pouces & demi) eft caufe en plus grande partie de cet accident. La nature demanderoit que les

1717.
N°. 188.

joints du pavé, & la largeur des roues fuffent proportionnés l'un à l'autre, de maniere que les roues n'entraffent aucunement dans les joints en long. On croit que 4 pouces
eft la largeur des roues que demandent les joints du pavé
ordinaire. Sur le vieux pavé qui eft extrémement ébué,
une largeur de roue de 5 à 6 pouces ne feroit pas trop
grande.

Il eft encore à propos de faire attention que les voitures
n'ont pas befoin que toute la largeur du pavé foit unie, il
faut peu d'efpace pour le paffage de deux roues qui n'ont
de largeur que deux pouces & demi chacune; & par là,
l'on voit qu'il fuffira pour faire porter aux voitures de plus
lourds fardeaux, de trouver une maniere de paver qui
donne occafion aux roues d'unir de plus en plus feulement
les pavés qui fe trouvent dans leur paffage le plus ordinaire. Quant au paffage des chevaux, il vaut mieux qu'il foit
un peu raboteux, que trop uni.

Tout ce qui a été dit jufques ici fera expliqué plus au
long dans les remarques que nous ferons après avoir
donné les deffeins des différentes manieres de paver.

Premiere maniere de paver.

Les défauts de cette maniere de paver qui eft celle qui
a toujours été en ufage, ne font que trop confirmés par
l'expérience. Nous voyons que les pavés par la fuite deviennent fi ébués que les roues ne peuvent tenir deffus; elles gliffent de côté & retombent dans un joint, ce qui eft
contre l'intention de fon Inventeur, qui a prétendu que
les roues pafferoient toujours alternativement fur un joint
en long, & fur un plein. Ainfi de deux en deux pavés une
voiture ne rencontre pas feulement une montagne & une
valée, ce qui la fait cahoter, ou former par fon mouvement des finus verticaux; elle trouve de plus en plus dans
les pavés trop ébués, pour ainfi dire, de quoi la faire caho-

1717.
Nº. 188.

ter de côté, ou de quoi faire faire aux roues des finus ho-
rifontaux, & ceux-ci fe font à chaque pavé. Ce dernier
incident eft ce qui ébranle les rays dans le moyeu, lequel
ébranlement fait périr les roues en peu de tems.

Dans les remarques fur les cahots, l'on fait voir qu'une
roue qui eft dans un joint en long, ne pofe que fur le pavé qui précéde ce joint, & fur celui qui le fuit, & nullement fur les pavés qui forment le joint, & que les voitures
feroient plus aifées à tirer fur un pavé dont on auroit ôté
une rangée de deux en deux.

Deuxième maniere de paver.

Cette maniere de paver qui met les bandes de pavé
en long, eft entiérement oppofée à la maniere ordinaire dont
nous venons de parler qui les met en large.

Cette maniere pourroit bien être la premiere qui fe feroit préfentée à l'imagination de l'Inventeur du pavé; mais
qu'il aura rejettée dans la crainte que les roues qui fe trouveroient toujours fur les joints en long, n'enfonçaffent
trop les bords du pavé qui forment ces joints, ce qui feroit
pancher ces pavés de côté.

Ce que l'on peut dire de pofitif au fujet de cette maniere de paver, c'eft qu'à joints ferrés, elle eft préférable
à la maniere ordinaire; mais à grands joints, elle lui eft inférieure.

Si l'on obfervoit donc dans cette maniere de paver de
mettre une rangée ou deux à joints ferrés fous le paffage des
roues des voitures, & que d'une de ces rangées d'un côté
à la correfpondante de l'autre côté, il y eût 5 pieds 8 pouces, qui eft la voye d'une voiture; un tel pavé deviendroit
auffi doux pour les voitures, qu'un chemin de terre, & les
effieux y forceroient moins que fur les chemins de terre les
plus parfaits.

Ce pavé n'ayant point de cahots, les chevaux tireroient

1717.
N°. 188.

toujours également ; mais il n'eft pas aifé de fçavoir fans l'expérience fi ils tireroient de plus lourds fardeaux que fur toute autre maniere de paver.

Le pavé de l'avant-cour de Verfailles, à le prendre depuis la grille de la rampe de la Chapelle jufqu'à la rampe du grand Commun , eft felon la maniere dont nous parlons ; les pavés y font extrémement ébués , ce qui fait de tous les joints en ce fens , autant de fillons ou ornieres ; mais il n'y a aucun pavé panché de côté.

Troifiéme maniere de paver.

Cette maniere de paver confifte à mettre deux bandes de pavés unis & à joints ferrés dans le paffage des roues des voitures ; cela fe peut faire avec tout pavé fimple fi l'on veut ; mais en mettant alternativement un pavé double & un pavé fimple , cela fera beaucoup mieux.

Quand on rétablit les chemins, fi au lieu de pavé fimple on fe fervoit de pavé double , en peu de tems ces bandes fe trouveroient faites.

Quatriéme maniere de paver.

Cette maniere de paver confifte à faire tout pavé double & à former deux bandes avec les plus unis dans le paffage des roues.

Le pavé double ayant plus d'affiete que le fimple , n'aura pas befoin de tant d'épaiffeur , 4 à 5 pouces lui fuffiront ; & par là , quand même on l'employeroit à joints ferrés , trois chartées de ce pavé feront plus d'ouvrage que quatre chartées de pavés fimples. On croit qu'il ne feroit pas befoin de fable pour employer ce pavé, à caufe de fa grande affiete. Il couteroit fort peu d'entretien , & par toutes ces raifons, l'on peut dire que cette maniere de paver iroit à moitié moins de dépenfe.

1717.
No. 188.

Il n'eſt pas abſolument néceſſaire que tout le pavé ſoit double dans cette maniere, les pavés qui auront une largueur & demie feront auſſi bons que les doubles, & l'on peut même mettre du pavé ſimple dans le milieu du chemin, qui eſt l'endroit où les roues paſſent le moins.

Cinquième maniere de paver.

Cette maniere de paver conſiſte dans la ſituation des rangées qu'elle met de biais.

Par cet arrangement de pavé il ne ſe trouve aucuns joints en long, & les roues des voitures quelqu'étroites qu'elles ſoient ne pourront entrer dedans. Ainſi le bandage des roues ne pourra nullement ébuer le bord du pavé, ni le pavé ébuer ni uſer le bandage.

Quand dans cette maniere de paver l'on donneroit aux joints juſqu'à 3 pouces de largeur, elle l'emporteroit encore de beaucoup ſur la maniere ordinaire.

Sixiéme maniere de paver.

Cette maniere de paver eſt parfaite de tous points.

Elle eſt pour le pavé de cailloux. Elle conſiſte à prendre les meilleurs cailloux pour en former deux bandes dans le paſſage des roues des voitures.

La longueur de ces cailloux choiſis formera la largeur des bandes, & l'on fera enforte que les roues ſe tiendront naturellement ſur leur milieu ſans aucun ſoin de la part des Chartiers; ainſi en peu de tems les roues uſeront les inégalités du caillou de ces bandes, & ſe feront un paſſage auſſi uni dans leur milieu que s'ils étoient taillés au ciſeau dans un feule pierre.

Par ce moyen les roues étant toujours ſur le milieu des meilleurs cailloux, ces ſortes de chemins ne ſe rompront plus, & par là, ils n'auront plus beſoin de tant d'entretien,

1717.
N°. 188.

Les voitures meneront deſſus des fardeaux auſſi peſans, peut-être même plus peſans que ſur le meilleur pavé ; de plus ces chemins ſeront auſſi doux pour les voitures, que les chemins de terre, & les eſſieux y forceront moins que ſur les chemins de terre les plus parfaits.

Perſonne n'ignore qu'en deux ou trois jours les roues font des ornieres ſur ces ſortes de chemins lorſqu'ils ſont nouvellement faits : cet incident n'arrivera pas dans notre maniere, les bandes ſe trouvant juſtement dans l'endroit où ſe forment ces ornieres.

Septiéme maniere de paver.

Cette maniere eſt pour les chemins de terre. Elle conſiſte ſeulement dans les deux bandes de cailloux, dont nous venons de parler dans la ſixiéme maniere.

L'on mettra ces bandes un pouce ou deux plus bas que la ſuperficie du terrain, & par-là les roues des voitures ne pourront nullement les rompre ni les endommager en paſſant deſſus pour traverſer le chemin.

Cette maniere de chemin a tous les avantages de la maniere précédente, & a cela de plus que les chevaux s'y ruineront moins les jambes ; car ils y marcheront toujours ſur la terre.

Un tel chemin paroîtra aux yeux, pur & ſimplement comme un chemin de terre, & il eſt impoſſible de faire un chemin à moins de frais & avec moins de materiaux, & meilleur pour les voitures. Il n'y a peut-être qu'un inconvient, qui eſt que les voitures en tournant & ne portant que ſur les bords de l'orniere dans laquelle eſt enfermé ce pavé, les roues pourroient écraſer ſes bords & combler cette orniere.

1717.
Nᵒ, 188.

REMARQUES SUR LES CAHOTS.

I.

Les cahots doivent être regardés comme des portions de pentes , & les pentes par la même raifon doivent être confidérées comme des cahots continus.

II.

Perfonne n'ignore qu'il faut autant de force pour monter une pente de cent pas de long , que pour en monter une du même dégré qui a mille pas de long ; la différence qu'il y a , c'eft que le même dégré de force eft employé plus long-tems dans la pente la plus longue.

III.

Nous allons faire voir combien les cahots depuis une ligne de hauteur jufqu'à 9 pouces 8 lignes apportent d'obftacles aux roues ordinaires qui ont cinq pieds & demi de diametre.

Les cahots forment des pentes égales. Ceux
d' 1 ligne a une pente d'1 fur 14
de 2 lignes a une pente d'1 fur 10
de 3 lignes a une pente d'1 fur 8
de 4 lignes a une pente d'1 fur 7
de 8 lignes a une pente d'1 fur 5
d' 1 pouce a une pente d'1 fur 4
d' 1 pouce 8 lignes a une pente d'1 fur 3
de 3 pouces 6 lignes a une pente d'1 fur 2
de 9 pouces 8 lignes a une pente d'1 fur 1

IV.

1718.
No. 187.

IV.

Autre maniere de concevoir les obstacles que forment les cahots aux roues de cinq pieds & demi.

Si nous suppofons la force d'un cheval capable d'élever un poids de trois cens livres, & que ce cheval foit attelé à une charette qui pefe deux muids de vin ou douze cens livres, alors ce cheval tirera par deffus les cahots.

d' 1 ligne	5 muids de vin.
de 2 lignes	3 muids.
de 3 lignes	2 muids.
de 4 lignes	1 ½ muid.
de 8 lignes	½ muid.
de 12 lignes	la charette à vuide.

Si nous mettons quatre chevaux à la même charette, alors ces quatre chevaux tireront par deffus les cahots.

d' 1 pouce	6 muids.
d' 1 pouce 8 lignes	4 muids.
de 3 pouces 6 lignes	2 muids.
de 9 pouces 8 lignes . . . . ,	0 la charette à vuide.

V.

Dans le pavé de route, l'on trouve fréquemment des places enfoncées de deux à trois pieds en quarré, des pavés élevés & des pavés enfoncés, & enfin tous les pavés ébués, ce qui rend les joints en long fort larges.

Les deux premiers incidens peuvent être corrigés par le foin des Paveurs, mais l'on ne peut remédier au troifiéme que par une nouvelle maniere de paver, ou en élargiffant les roues affez, pour qu'elles n'entrent point dans ces joints.

Rec. des Machines.   TOME III.   S

1717.
Nº. 188.

Ce troifiéme incident eft le plus confidérable, non-feulement parce qu'il fe trouve à chaque pavé; mais encore parce qu'il augmente tous les jours de plus en plus. Examinons-le avec foin.

VI.

Les roues paffent alternativement fur un plein, & dans un joint en long.

Les roues ebuent les bords du pavé qui forment les joints en long, jufqu'à ce que ces joints foient affez enfoncés pour que les roues étant dedans puiffent porter en même-tems fur les pavés qui précédent & qui fuivent ces joints. Et par là les roues dans les joints en long, fe trouvent dans la même fituation où elles fe trouveroient, fi elles portoient à faux entre deux folives écartées l'une de l'autre d'un pied.

VII.

Les joints en long ufent le bandage des roues des voitures & lui donnent fa figure ordinaire qui eft en dos d'âne, & fans ces joints le bandage n'uferoit aucunement fur du vieux pavé; car les joints en large ne faifant point gliffer les roues de côté, ils ne pourroient ufer le bandage.

VIII.

De tout ce que nous venons de dire fur les cahots, il réfulte un fait qui pourroit paffer pour un paradoxe; fçavoir, qu'une route pavée dont les bandes a joints ferrés feroient écartées l'une de l'autre du double de l'ordinaire, feroit meilleure pour les voitures qu'un vieux pavé ordinaire, fût-il fi bien pavé qu'il n'y eût pas un pavé qui pafsât l'autre.

1717.
N°. 188.

Car fur un tel pavé le bandage des roues s'entretiendroit toujours plat comme il eſt étant neuf , & par là il porteroit dans toute ſa largeur en poſant fur les bords des bandages , & ne les ebueroit point ; ainſi les roues étant entre deux de nos bandes , porteroient ſur deux points écartés feulement de dix pouces , & nous avons fait voir qu'une roue dans un joint en long , porte ſur deux points écartés de 12 pouces (*a*).

Cette différence de deux pouces vient de ce que dans le pavé ordinaire les deux pavés portans ſont ébués , & qu'ils ne le ſont point , & ne le peuvent être dans notre maniere.

IX.

Quand une roue ſe trouve entre deux cahots , & qu'elle porte deſſus , il eſt indifférent pour les chevaux que le bas de la roue poſe ſur quelque choſe , ou qu'il porte à faux ; ceci étant bien compris , notre chemin à bandes écartées du double de l'ordinaire , n'aura plus l'apparence d'un paradoxe.

X.

Les cahots font un moindre obſtacle aux voitures qui vont plus vîte , qu'à celles qui vont plus doucement ; la vertu élaſtique faiſant dans les premieres que la deſcente d'un cahot ſerve en partie à monter le cahot ſuivant quand il eſt aſſez proche.

XI.

Aux montagnes les cahots n'ont point de chute , elle eſt détruite par la pente de la montagne , & les voitures y vont doucement ; par ces deux raiſons la vertu élaſtique ne diminue rien de l'obſtacle que forment les cahots.

(*a*) Voyez la Figure E au commencement du Memoire.

1717.
N°. 188.

XII.

Voici ce qui dans les montagnes fait obstacle aux voitures. Premierement, la pente naturelle de la montagne. Secondement, les places enfoncées qui en augmentent la pente. Troisiémement, les cahots qui augmentent aussi la pente de la montagne, & qui font un plus grand obstacle dans cet endroit, que dans le plat pays. Quatriémement, la pesanteur absolue des chevaux qui augmente la pesanteur absolue de la voiture selon la pente de la montagne. Et cinquiémement, la situation gênée des jambes des chevaux qui diminuë leurs forces, & racourcit leur pas.

Cet article étant le principal de l'affaire des chemins, nous en parlerons plus amplement dans la suite.

REMARQUES

SUR LES VOITURES ROULANTES.

I.

Les voitures roulantes, comme nous l'avons déja dit, ont les roues trop étroites, leur largeur n'étant que de deux pouces & demi. Si elles étoient plus larges, elles iroient beaucoup mieux sur le pavé & sur la terre, où elles ne feroient pas des ornieres si profondes.

L'on peut faire élargir les roues peu à peu. Par exemple, à présent qu'elles sont de deux pouces & demi, les faire mettre à deux pouces trois quarts, dans quelque-tems à trois pouces, & ainsi de suite en les augmentant toujours d'un quart de pouce, jusqu'à ce qu'elles ayent une largeur convenable. Les ornieres ne permettroient pas qu'on les élargît de beaucoup à la fois.

1717.
N°. 188.

Si les roues étoient élargies, les voitures meneroient de plus lourds fardeaux, tant fur la terre, que fur le pavé; elles romperoient moins les chemins, tant ceux de terre que ceux de pavé; elles n'uferoient le pavé que pour le perfectionner, tant celui de grais, que celui de cailloux.

De plus, en dreffant les chemins qui déverfent, & mettant un peu de cailloutage dans les endroits qui font fujets à fe creufer, cette plus grande largeur de roues feroit que les voitures iroient beaucoup mieux qu'elles ne vont.

Les peuples tireroient de cette petite reparation des chemins un avantage affez confidérable, & cette réparation donneroit le branle à une plus grande que les peuples peuvent faire fans s'incommoder aucunement.

II.

Les voitures qui ont plufieurs paires de roues comme les chariots, font plus aifées à tirer dans les chemins raboteux, que les voitures qui n'en ont qu'une paire comme les charettes.

Les roues d'un chariot fe peuvent trouver au hafard à l'égard des cahots, de trois manieres différentes, & de ces trois manieres, il y en a deux dont le chariot tire un avantage confidérable fur la charette.

Ou les deux trains d'un chariot montent en même-tems un cahot; ou l'un montant un cahot, l'autre le defcend; ou l'un montant un cahot, l'autre fe trouve dans un endroit uni.

Quand les deux trains montent en même-tems des cahots, le chariot n'a aucun avantage fur la charette, fi ce n'eft un petit avantage qui peut procéder de ce que les cahots que montera un train, feront plus petits que ceux que montera l'autre train, & par là le chariot auroit en toute rencontre un avantage fur la charette; il y auroit feu-

1717.
N°. 188.

lement du plus ou du moins dans ces avantages, felon les cas plus ou moins avantageux.

Quand un train monte un cahot, & que l'autre le defcend, alors le chariot fe tire auffi aifément que fi les deux trains étoient dans un endroit uni.

Et dans l'autre fituation, où un train montant un cahot, l'autre fe trouve dans un endroit uni, les chevaux ne font d'efforts pour furmonter ce cahot, que la moitié de ce qu'ils en feroient pour le furmonter avec une charette.

A l'égard des enfoncemens de deux à trois pieds en quarré, qui font fort fréquens dans les chemins, le chariot aura le même avantage fur la charette, qu'à l'égard des cahots.

Tout ceci n'a pas befoin de preuve, il n'y a perfonne qui ne conçoive aifément que la charge d'un chariot eft partagée en deux, & que lorfqu'un train monte un cahot, il n'y a que la moitié de la charge du chariot qui faffe obftacle à le furmonter.

III.

Sur le pavé, les charettes qui vont le pas n'ont pas un mouvement uniforme, elles vont plus doucement en montant les cahots, & plus vîte en les defcendant, & par cette chute de cahots précipitée & à plomb fur les pavés qui fuivent les cahots, les roues enfoncent davantage les pavés.

Le chariot n'a point ce défaut, quand il va le pas, le hafard faifant le plus fouvent que lorfqu'un train defcend un cahot, fa chute eft retenue par l'autre train qui monte un autre cahot, ou du moins qui fe trouve fur un endroit uni.

IV.

L'on peut faire un chariot à quatre grandes roues, & qui détournera autant qu'un coche.

V.

Dans les routes bien pavées les voitures portent le double de l'ordinaire , & ces lourdes charges rompant davantage le pavé , ces chemins deviennent par-là d'un plus grand entretien. Les Voituriers y trouvent leur avantage, en ce qu'un seul homme conduit par ce moyen ce qui demanderoit deux hommes étant porté dans de moindres voitures.

VI.

Par le moyen d'un chariot à quatre grandes roues , l'on menera d'aussi lourds fardeaux , & même avec moins de chevaux , & ces fardeaux portans sur deux trains , ils romperont moins le pavé.

SUR LA FORCE DES CHEVAUX QUI TIRENT.

I.

Un bon cheval par le moyen d'une poulie éleve d'un coup de colier en tirant de toute sa force un poids de 400 livres.

L'Académie des Sciences a fait l'expérience de la force des chevaux qui tirent sur un train de niveau : il seroit utile de faire la même expérience sur différentes pentes. De plus il conviendroit aussi dans ces expériences de remarquer la grandeur des pas des chevaux & la situation de leurs jambes , par rapport au terrain , au moment qu'ils posent & qu'ils levent les pieds ; car les chevaux font beaucoup plus d'efforts aux montagnes , que ne le demande la loi de statique ; & il est sûr que cet incident, qui est le plus grand qui se trouve dans les chemins , vient de la situation des jambes des chevaux, qui eft gênée quand ils marchent fur un terrain en pente.

II.

Le pas d'un cheval eft compofé de deux demi pas, le demi pas d'avant, & le demi pas d'arriere.

III.

La pefanteur du corps du cheval lui aide à tirer dans le demi pas d'arriere ; mais elle lui eft fort contraire dans le demi pas d'avant ; c'eft-à-dire, que le pas du cheval baiffe dans le demi pas d'arriere, & qu'il hauffe dans le demi pas d'avant.

IV.

Ce hauffement & ce baiffement du corps du cheval qui fe fait à chaque pas, lui eft un défavantage, tant pour porter que pour tirer ; auffi les chevaux qui tirent de lourds fardeaux prennent-ils grand foin de le corriger, en faifant les pas plus petits & en courbant leurs jambes. Dans ces rencontres l'on voit les chevaux qui mettent leurs jambes de devant en arc par le moyen de la jointure du genou & de celle du fabot, & ils ne les redreffent que pour entretenir leur corps dans la même hauteur fans hauffer ni baiffer.

V.

Selon ce que nous avons dit dans le troifiéme article, le cheval a plus de facilité à faire le demi pas d'arriere, que le demi pas d'avant, & c'eft pour cette raifon qu'un cheval qui tire un lourd fardeau, ne fait que le demi pas d'arriere.

VI.

1717.
No. 188.

VI.

Aux montagnes, les chevaux qui vont à vuide font le demi pas d'avant plus petit que le demi pas d'arriere.

Cette diminution d'un demi pas d'avant se fait à proportion de la pente de la montagne, & se mesure par la hauteur de la pente sur une longueur égale à la jambe du cheval; c'est-à-dire, que si la pente de la montagne est d'un sur dix & que la jambe du cheval soit de 40 pouces, le demi pas d'avant sera diminué de 4 pouces qui est la dixiéme partie de 40.

VII.

L'obstacle des montagnes est bien extraordinaire & bien particulier; leur pente qui sembleroit être le seul & unique obstacle qui se dût trouver, est accompagnée de la situation gênée des jambes des chevaux, & de la pesanteur de leur corps, & de plus les places enfoncées & les cahots y sont plus nuisibles que dans le plat pays.

DES CHEMINS DANS LES MONTAGNES.

I.

L'on peut adoucir les chemins dans les montagnes en les faisant côtoyer les montagnes, & en partie par des ouvrages de terrasses.

II.

Quand un chemin rencontre une montagne de front, l'on côtoye la montagne en ziguezague, ce qui alonge le chemin; mais l'on doit être pleinement persuadé que l'adoucissement de la pente est bien plus avantageux aux voitures, que l'alongement du chemin ne leur est nuisible.

1717.
Nᵒ. 188.

Car il eſt ſûr que les chevaux qui montent une montagne
de 100 toiſes de hauteur ſur une pente d'une demi-lieuë
de long, la monteront plus vîte & peineront moins qu'ils
ne feroient s'ils la montoient ſur une pente d'un quart de
lieuë de long qui ſeroit plus rude de moitié.

III.

Les tournans des chemins dans les montagnes doivent
être de niveau, & non pas d'une pente plus roide que le
droit chemin, comme cela ſe voit par-tout. C'eſt trop de
peine pour un limonier qui deſcend, de retenir la charette, & de la gouverner comme il eſt obligé de faire aux
tournans en pente ; auſſi eſt-ce dans ces endroits que les
limoniers s'eſtropient ordinairement ; & pour les voitures
qui montent, la ligne des chevaux étant un cercle dans
ces tournans, ils ont moins de force pour tirer, & même
ils ne peuvent tirer que ſur un trait.

IV.

Les ouvrages de terraſſes des chemins coutent beaucoup
moins que les autres ouvrages de terraſſes, parce que le
tranſport des terres ſe fait toujours en deſcendant, & ſur la
même ligne. Il faut de plus conſidérer que les ouvrages de
terraſſes des chemins font un double effet, puiſqu'en tranſ-
portant les terres du haut de la montagne dans le fond de
la vallée, vous diminuez par un ſeul acte, & la hauteur
de la montagne, & la profondeur de la vallée.

V.

Dans ces ouvrages de terraſſes dont le tranſport des terres ſe fait en deſcendant & ſur la même ligne, l'on peut
faire des commodités à peu de frais pour en faciliter le

tranſport; & ces commodités pourront ſervir à pluſieurs ateliers l'un après l'autre.

VI.

Le grand ſecret pour faciliter le tranſport par voitures roulantes, c'eſt en faiſant des chemins neufs; ou en rétabliſſant les vieux, de mettre les meilleurs pavés aux montagnes & dans les autres pentes d'un ſur trente, & plus roides, & de faire dans ces endroits le paſſage des roues le plus uni que faire ſe pourra.

RE'PONSES A DEUX OBJECTIONS
qui ont été faires ſur le rétabliſſement géneral des Chemins.

PREMIE'RE OBJECTION.

Qu'il n'y auroit pas aſſez de cailloux, & qu'il y a des endroits où il n'y en a point du tout.

RE'PONSE.

Cetteobjection au-lieu d'être contraire à cette maniere de paver les chemins, lui eſt très-favorable; car s'il n'y a guéres de materiaux, il faut préférer la maniere qui en employe le moins à celles qui en employent le plus.

Que peut-on faire de moins que de paver le paſſage des deux roues desvoitures, comme je le propoſe t

Quant aux endroits où il n'y a point de materiaux, euſſent-ils vingt lieuës d'étenduë, on y en peut porter à peu de frais; car ſuppoſé ce cas-ci qui eſt un peu outré, le moyen tranſport du caillou n'y ſeroit que de cinq lieuës;

& comme à mesure que l'on pousseroit le chemin, il serviroit à voiturer le caillou, l'on peut faire ensorte que ce transport ne coute pas plus qu'il couteroit à faire sur un chemin de terre de deux lieuës.

DEUXIE'ME OBJECTION.

Que ne faisant qu'une voye à notre maniere, deux voitures se rencontrant, auroient de la peine à passer.

RE'PONSE.

Si les voitures se rencontrent & se détournent dans l'étàt présent des chemins, les chemins étant meilleurs, elles se détourneront plus aisément.

Si tous les grands chemins avoient deux voyes de large, & qu'une seulement fût pavée à notre maniere. Je ne crois pas qu'il arrivât aucun incident par la suite qui obligeât à paver l'autre voye, & en voici la raison. Dans une route les voitures chargées vont presque toutes du même côté, & les voitures à vuide de l'autre; & par là n'y ayant que les voitures à vuide qui rencontrent les voitures chargées, elles se détourneront aisément par dessus la voye de terre, & d'ailleurs qui empêche de faire deux voyes dans les chemins bien passans?

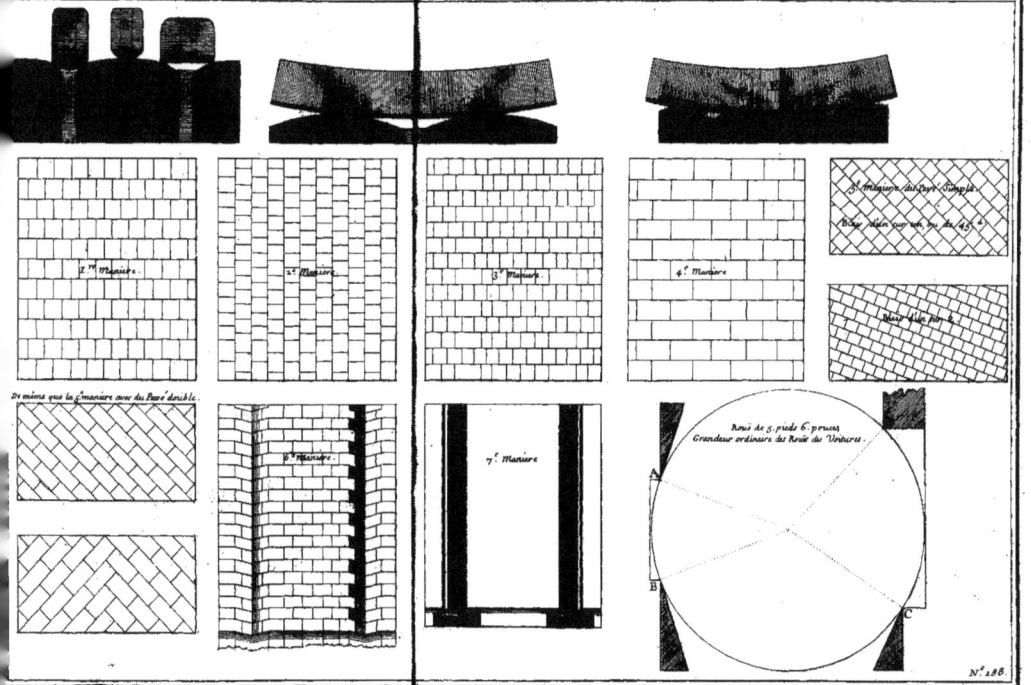

1.ᵉʳ Maniere.

2.ᵉ Maniere.

3.ᵉ Maniere.

4.ᵉ Maniere.

De même que la 1.ᵉ maniere avec du Pavé double.

6.ᵉ Maniere.

7.ᵉ Maniere.

Roue de 5. pieds 6. pouces.
Grandeur ordinaire des Roües des Voitures.

N.º 188.

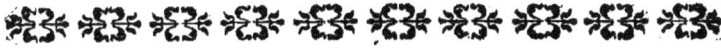

❈❈❈❈❈❈❈❈❈❈

MACHINE

POUR DESSALER L'EAU DE LA MER,

INVENTE'E

PAR M. GAUTHIER.

CETTE Machine eſt formée par une boëte de charpente de figure cubique, dont le fond eſt fait en gouttiere. A ce fond eſt adaptée une conduite A qui ſert à inſinuer l'eau dans la Machine. La partie ſupérieure de cette boëte eſt couverte de 5 chapiteaux GGG, &c. unis enſemble & qui ont la même largeur que la boëte, de maniere qu'ils couvrent parfaitement cette capacité : tous ces chapiteaux ſont conſtruits de feüilles de cuivre exactement ſoudées. Dans l'intérieur de chaque chapiteau comme MON ſont des goutieres M N, qui ſont auſſi longues que le chapiteau, & qui rendent dans une gouttiere générale H, à laquelle eſt un robinet L.

Le dedans de la boëte contient un tambour canelé B ſoutenu par ſon arbre ſur deux traverſes, telles que FF, ſur leſquelles ce tambour peut tourner librement au moyen d'une manivelle qui eſt fixée à une de ſes extrémités. Ce tambour creux renferme une quille de rechaud C, dont la longueur eſt à peu près égale à celle du tambour. Ce rechaud eſt ſoutenu ſur l'arbre DD par des brides PR, de maniere que le tambour peut tourner indépendamment du

1717.
N°. 189.
Fig. I.

Fig. II.

T iij

rechaud. Ce rechaud eft de fer, & contient une grille de même matiere, fur laquelle on fait le feu néceffaire. Voilà la conftruction de cette Machine; en voici l'ufage.

On fait du feu le long du tambour B dans le rechaud C, enfuite on infinue l'eau dans le fond de la boëte par le conduit A. Le tambour dont la furface canelée n'eft élevée du fond que d'une fort petite quantité, trempe néceffairement dans l'eau, & ce tambour étant agité, lorfque l'on le fait tourner fur lui-même & échauffé par le rechaud, l'eau dont fa furface eft moüillée s'éleve en vapeurs qui s'attachent de côté & d'autre aux parois intérieurs des chapiteaux, fe ramaffant enfuite elle coule le long de ces mêmes côtés dans les gouttieres, pour fe dégorger enfuite par le robinet L. Pendant cette opération les parties falines & bitumineufes de l'eau fe détachent des vapeurs aqueufes, & s'exhalent, laiffant beaucoup moins d'acreté qu'elle n'en avoit auparavant, par ce moyen elle pourroit devenir potable; mais il refte à fçavoir s'il s'en exhale & s'il s'en détache affez, pour que cette eau foit parfaitement bonne à boire.

Fig. 1re *Fig. 2*

N° 189.

Herisset sculp.

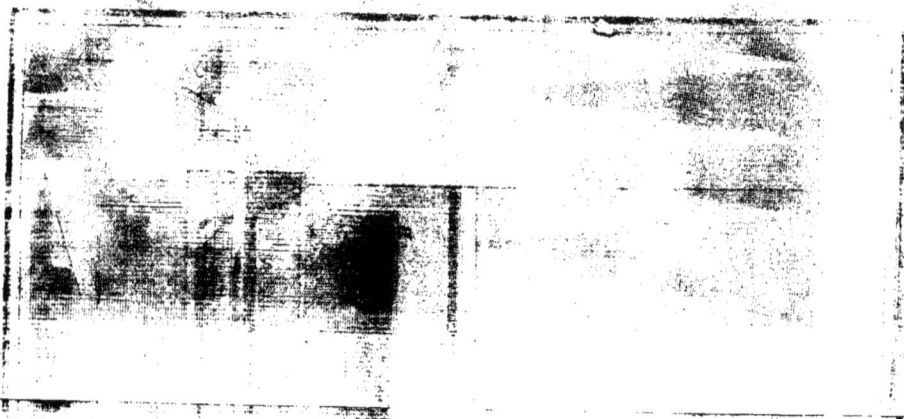

PENDULE

QUI MARQUE LE TEMS VRAI,

LE LIEU

ET

LA DECLINAISON DU SOLEIL,

INVENTÉE

PAR M. JULIEN LE ROY.

CETTÉ Cadrature eſt conſtruite ſur une théorie fort ſimple ; d'ailleurs exactement vraye. Les Machines qui la compoſent ſont en petit nombre, & leur ſimplicité répond à celle de la Theorie ; cependant on a rencontré quelques difficultés dans l'exécution, dont on parlera ci-après.

Voici ce qui a occaſionné cette découverte.

On a ſuppoſé une Ellipſe, laquelle paſſant par le centre du Soleil avoit pour petit rayon l'Axe de la Terre, & pour grand, le double de la diſtance du centre du

1717.
No. 190.

1717.
N°. 190.

Soleil à celui de la Terre. L'on a confidéré enfuite cette Ellipfe comme un Meridien mobile emporté continuellement par le centre du Soleil, & tournant fur l'axe de la Terre comme centre. De cette difpofition on a conclu qu'en fuppofant fur le Meridien imaginé un point vis-à-vis notre cercle Polaire, ce point ferviroit d'index & marqueroit l'heure vraye fur ce même cercle. Paffons maintenant aux moyens que l'Inventeur a mis en ufage pour réduire cette theorie en pratique.

FIG. I. Sur l'arbre ou axe AB on a attaché obliquement une plaque de laton FF d'environ 5 pouces de diametre, qui eft inclinée à fon arbre dans le même rapport que l'Ecliptique eft incliné à l'axe de la Terre. Sur cette plaque on a pofé une roue EE d'environ 4 pouces & demi de diametre, laquelle a 314 dents & fait une révolution fur la plaque, félon l'ordre des fignes en 365 jours & environ 4 heures. D'ailleurs la roue EE eft excentrique à l'axe AB dans le même rapport que l'orbite du Soleil eft excentrique à l'axe de la Terre; de forte que l'axe AB repréfente celui de la Terre. La platine de laton CC, le plan de l'Ecliptique, & la circonference de la roue RR, prife deux lignes au-deffous de fes dents repréfente l'excentrique du Soleil, de maniere que de l'affemblage de ces trois pieces, il réfulte une petite Machine, qui tournant en des tems convenables imite dans fes révolutions l'obliquité, & l'excentricité du Soleil, qui font les principes de fes irrégularités.

Cette Machine repréfente affez une fphere coupée par le plan de l'Ecliptique; en ce cas elle ne montreroit que le mouvement du Soleil fur ce plan fans marquer l'heure vraye. Ce qui fuit donne les moyens dont on s'eft fervi pour imiter le Meridien mobile, que l'on fuppofe être emporté par le centre du Soleil, & marquer l'heure l'heure vraye fur le cercle polaire de la Terre.

m, *m*, *m*, repréfente une piece d'acier compofée d'un demi - cercle & d'une tige ; les deux vis qui font aux bouts du demi-cercle vont s'engager par leur pointe en deux trous faits à la circonférence d'un canon qui roule fur l'arbre AB. La tige va s'enclaver dans une rainure (que l'on ne peut voir, parce que l'image du *Soleil* la cache) en forme de deux croiffans renverfés & oppofés par le dos, enforte qu'il touche la piece d'acier feule-ment en deux points vis-à-vis l'un de l'autre, & à envi-ron deux lignes au-deffous de la denture de la roue EE. Par cette difpofition elle ne peut tourner fur la plaque FF fans emporter avec elle la piece d'acier *mm* (que l'on nommera dans la fuite Meridien mobile) mais en telle forte qu'elle l'emporte plus vîte ou plus lentement, fuivant le rapport de l'excentricité établie par la conftruc-tion, entre l'axe AB, & la roue EE, d'où il eft aifé de comprendre que le bout du Meridien mobile gliffe dans la rainure de la roue, laquelle quoique tournant en des tems égaux, l'emporte cependant en d'autres tems iné-gaux, & s'emblables à ceux que produit l'excentricité du foleil. Voici comme quoi ce Meridien mobile au moyen de fa charniere, imitera en s'élevant & s'abaiffant, les variations produites par l'obliquité du Soleil.

L'axe de la charniere du Meridien eft perpendiculai-re à l'axe AB ; d'ailleurs le milieu en eft dans le plan de la roue excentrique EE, laquelle en tournant déter-mine le Meridien à s'élever ou s'abaiffer pour fuivre tou-tes les inclinaifons du plan Ecliptique, d'où il réfulte encore que la roue EE tournant en des tems égaux, l'emportera encore en d'autres tems inégaux, plus longs vers les équinoxes, que vers les tropiques, & femblables à ceux que produit l'obliquité du Soleil.

L'on a dit ci-devant que la charniere du Meridien eft

1717.
N°. 190.

engagée fur la circonférence & au bout intérieur du canon H qui roule fur l'arbre AB : à l'autre bout eft attachée
l'aiguille des heures , laquelle marque l'heure vraye fur
le plan du cadran QQ ; ce qui eft évident , puifque le
Meridien tournant en des tems compofés de l'excentricité & de l'obliquité du Soleil , & emportant par le moyen
de fa charniere l'aiguille des heures , il la fait tourner exactement fuivant le tems vrai.

On ne s'arrêtera point à décrire les roues nécef-
faires pour faire tourner la roue EE ; les Horlogeurs
qui entendent les Machines, fçavent affez comment on
doit s'y prendre pour exécuter de pareils mouvemens.
L'on dira feulement que le pignon P fort du mouvement de la Pendule & fait tourner la roue O , & par
conféquent le plan Ecliptique dans le même-tems que les
étoiles fixes.

La roue de cadran II mene deux roues & deux pignons qui font tourner par renvoi l'aiguille des minutes ; elles lui font marquer le tems vrai fur le petit cadran A.

FIG. II.

Il eft clair que l'aiguille des minutes marquera le tems
vrai , puifqu'elle eft menée par la roue de cadran ; cependant elle ne le marque pas abfolument reguliérement ,
& cela à caufe qu'elle fait 24 tours contre un de la roue
de cadran qui la mene. Cette difficulté ne laiffe pas d'ê-
tre confidérable à caufe qu'elle eft produite par l'inéga-
lité des roues ; & comme il eft moralement impoffible
d'en faire d'égales , il s'enfuit de là qu'elles communique-
ront toujours quelque petite irrégularité à l'aiguille des
minutes ; ces irrégularités commencent & finiffent avec
la roue de cadran.

Cet inconvenient diminue un peu le merite de cette
ouvrage , qui eft très-ingenieux ; cependant M. de la
Hire trouva l'idée de cette Pendule fi conforme en tout

à la theorie des mouvemens du Soleil , qu'il l'adopta avec quelques changemens énoncés dans un Memoire qu'on pourra voir dans ceux de l'Académie, année 1717. page 238.

1717.
N°. 190.

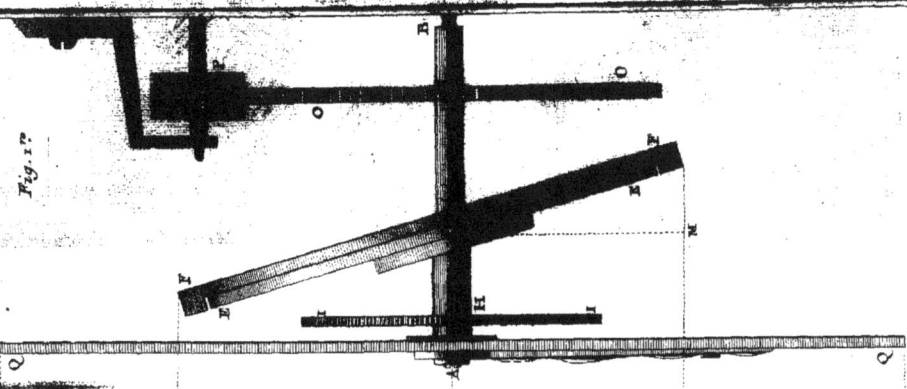

Fig. 1.ʳᵉ

Fig. 2.ᵉ

Dheulland Sculp.

MACHINE
POUR ELEVER DE L'EAU,
INVENTÉE
PAR M. MARTENOT.

CETTE Machine confiste en un gros cylindre ABC porté par un radeau DE. Sur ce cylindre font abouchés huit tuyaux verticaux FGH autour de la circonférence, au centre de laquelle est un arbre I qui porte un levier ou bras IL mis en mouvement par des hommes qui tirent fur la corde M dirigée dans le montant NO par des poulies qui déterminent le levier à faire un certain chemin : à l'autre montant P il y a de femblables poulies pofées précifément comme les premiéres ; la corde qui entre dans ces poulies est tirée par un poids P, dont la pefanteur est fuppofée capable de ramener le levier.

On fuppofe ici le cylindre découvert par un de fes côtés : QR est ce cylindre ; fa capacité est divifée en quatre parties égales par les cloifons SS qui font fixes & qui ne laiffent au centre X qu'un efpace égal au diametre de l'arbre d'une roue de Moulin TT, &c. pofée verticalement. Le bord des vannes TT fixées à l'arbre X doit s'appliquer exactement aux parois intérieurs du cylindre & aux deux fonds ; de forte que fi les cloifons du cylindre SS frottent l'arbre de la roue, réciproquement les ailes frottent

1717.
No. 191.

FIG. I.

V iij

1717.
Nº. 191.

auſſi l'intérieur du cylindre, la vanne enfermée dans ce cylindre ne fait qu'à peu près un quart de cerole de mouvement. Le cylindre eſt donc partagé en quatre cloiſons qui ſont ouvertes par le bas de deux trous circulaires ZZ, auſquels ſont des ſoûpapes placées en dedans ; ces ouvertures qui ſont faites tout auprès des cloiſons, répondent à d'autres ouvertures YY pratiquées à la partie ſupérieure du même cylindre, auſquelles ſont abouchés les tuyaux montans qui dégorgent l'eau. Voici quel eſt le mouvement de la Machine.

Fig. II.

Le volant 4 parcourt le chemin de *a* en *b* & alternativement de *b* en *a* : *d e* ſont les ſoupapes de la cellule *f g*. Si l'on ſuppoſe à préſent que le volant faſſe le chemin de *b* en *a*, il eſt évident que la ſoupape *d* ſe fermera, & que l'eau ſera comprimée & montera par l'ouverture *m* dans le tuyau montant qui lui eſt adapté : pendant ce tems la ſoupape *e* reſte toujours ouverte, & l'eau entre & remplit le vuide qui ſe fait par le mouvement circulaire de ce volant, en revenant ſur ſes pas : ce volant comprime l'eau, qui monte enſuite dans le tuyau *n*, & ainſi de ſuite pour les autres volans qui compoſent cette roue verticale & les cloiſons dans leſquelles elles ſont enfermées.

Fig. 2.

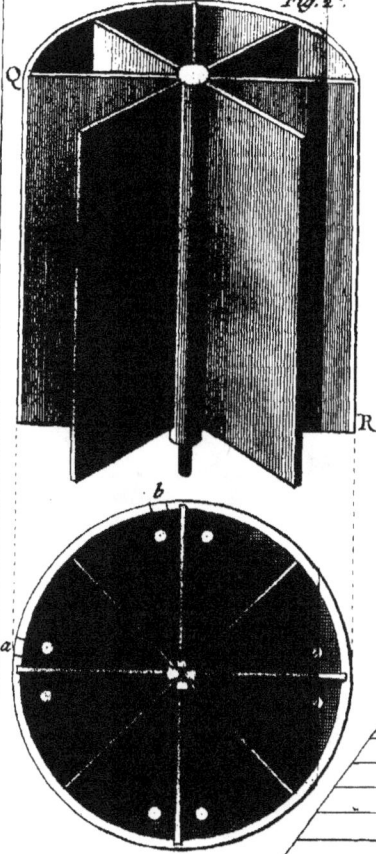

Fig. 1.re

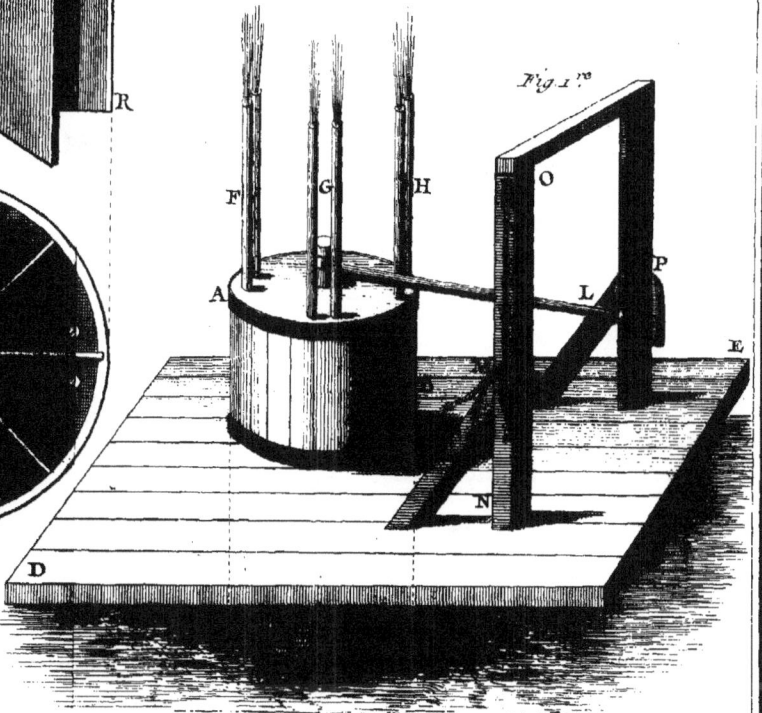

Dheulland Sculp.

RECUEIL
DES MACHINES
APPROUVÉES
PAR L'ACADÉMIE ROYALE
DES SCIENCES.

ANNÉE 1718.

PONTON

PONTON

POUR CURER LES PORTS;

INVENTÉ

PAR M. DE LA BALME.

LE Ponton A eft le même que celui dont on fe fert ac-tuellement dans les Ports de Breft, Toulon, &c. & n'eft repréfenté ici que pour fervir de parallele au nouveau Ponton B. Comme le premier pourroit être ignoré, il eft bon d'en décrire l'ufage & la Mecanique.

Le corps AB du Ponton n'a rien de particulier : fur fes bords font établis plufieurs montans pour foutenir le plat-bord CD. Ce plat-bord fuporte les roues E, F aux en-droits G, H, où elles font affujéties par des colets, dans lefquels cependant les axes peuvent tourner librement. A l'extrémité D du plat-bord, eft enchaffée une poulie fur laquelle paffe une chaîne IL; l'extrémité I eft compofée de deux brins attachés à la cuillier M, l'autre bout L fe roule fur l'arbre de la roue E quand elle eft mife en mou-vement par les hommes qui marchent dedans pour la fai-re tourner. Au fond de la cuillier M eft attachée une fe-conde chaîne NO, dont le bout O eft pris par deux cor-dages OVR, OTX. Le premier fe roule autour de l'arbre de la roue moyenne F, & le fecond eft dormant au taquet X.

1718.
No. 192.
193.
194.
195.

PLANCHES
I. II. & III.
FIG. II.

1718.
N°. 192.
193.
194.
195.

Le manche MY de la cuillier est plus long qu'un Port ne peut être profond ; ce manche est pris & appliqué contre le bord entre la piece ZS, & le plat-bord ; sa course est bornée par les tasseaux qui soutiennent cette piece. De l'autre côté du Ponton, on a établi une autre cuillier semblable.

Pour manœuvrer cette Machine six hommes marchent continuellement dans la roue E , & trois autres dans la roue F.

La grande roue E sert à faire monter la cuillier par le moyen de la chaîné LD, qui se roulant sur l'arbre , tire nécessairement cette cuillier qui étoit entrée dans la vase par son propre poids ; & quand elle est arrivée où on la voit représentée dans cette Figure, un homme placé à l'extrémité de la Machine tient un crochet de fer avec lequel il en décroche un second , dont l'usage est de tenir fermé le fond de la cuillier : ce crochet étant dégagé , le fond qui est à charniere s'ouvre , par conséquent la vase qu'il retient tombe dans un bateau que l'on place directement dessous.

Lorsque la grande roue a fait monter la cuillier , la petite roue F tourne en tirant & soutenant cette cuillier, jusqu'à ce qu'elle soit rendue au fond du Port , ensuite la grande roue qui tourne toujours fait remonter la cuillier; mais pour lors on remarquera que la petite roue est obligée de tourner à rebours pour lâcher le cordage RO , & par la disposition du cordage sur l'arbre , les roues font aller deux cuilliers à la fois; c'est-à-dire , que les cordes roulant dessus le treüil en sens contraire , font descendre une de ces cuilliers pendant que l'autre monte , & il se trouve qu'une laboure au fond , dans l'instant que l'autre rend le vase qu'elle avoit recueillie , ainsi qu'on le peut voir par le plan où l'arbre LO de la roue E se trouve tout-à-fait dégarni du côté O , & l'extrémité R du treüil de la petite roue est garni : l'on conçoit pour lors que la

Voyez
PLANCHE
III.
Fig. II.

cuillier de ce côté laboure & se remplit, & qu'au contraire le côté L étant garni de la chaîne roulée sur cet arbre,
pendant que le bout X du petit treüil est dégarni, il suit
que cette cuillier est remontée, & rend sa vase.

Le Ponton proposé n'a qu'une roue soutenuë de la même maniere que la grande roue du Ponton ordinaire. La
roue de ce nouveau Ponton porte à ses extrémités deux
roues dentées ou pignons E ; chacun de ces pignons engréne dans une cramaillere telle que R posée sur un rouleau de bronze F ; ce rouleau est supporté par un petit assemblage de charpente 2, 3, 4, 5, 6, qui peut se hausser
& baisser par le moyen d'un tenon ou coin que l'on enfonce dans la mortaise K, ce qui sert à faire engréner ou dé-
sengréner le pignon dans la cramaillere: cette cramaillere
sera plus ou moins longue, suivant la profondeur à laquelle
on voudra atteindre.

La cramaillere ponctuée GH est dans l'état où elle doit
être lorsqu'elle a élevé la cuillier en engrénant dans le pignon E ; la cramailliere R est représentée lorsqu'elle n'engréne plus & qu'elle est entraînée par le poids de la cuillier
quand elle tombe pour labourer.

La cuillier S est saisie par le bas de même que les cuilliers dont on se sert dans les anciennes Machines ; la chaîne qui les retient passe aussi sur une poulie D, & vient se
fixer à l'extrémité de la cramaillere. A l'autre bout est une
chaîne qui passe sur une semblable poulie & qui porte un
poids L qui fait une compensation d'une partie du poids
de la cuillier lorsqu'on l'éleve.

Le manche de la cuillier est garni de deux bosses l'une
P, amarée sur le taquet N, afin d'assujétir la cuillier lorsqu'elle laboure ; & l'autre bosse Q sert à la suspendre en
faisant deux tours de ce cordage sur une cheville fixée au
plat-bord derriere le point Q ; & tenant à la main le bout
de cette bosse, on fait descendre cette cuillier plus ou
moins.

1718.
N°. 192.
193.
194.
195.
PLANCHE
IV.
FIG. I.

X ij

1718.
N°. 192.
193.
194.
195.
PLANCHE
III.
FIG. I.

Le cordage T attaché au taquet V , que l'on lâche avec la main , eſt pour tenir la cuillier en reſpeſt en l'empêchant de varier lorſqu'elle laboure : les leviers O , O , ſervent à la rapprocher de l'arriere Ponton lorſqu'elle eſt ſuſpendue par la boſſe Q. Il eſt à remarquer que quand la cuillier a achevé de deſcendre & qu'on lâche le bout de la corde 7 , ſon manche appuyant ſur l'extrémité du levier , le fait revenir par la ligne 8 , 9 , & le range le long du bord.

Il faut obſerver auſſi que les hommes appliqués aux leviers , peuvent abaiſſer les cuilliers , les ſuſpendre , & leur donner leurs penchans , parce que ces trois ſervices ſe ſuccédent les uns aux autres : chaque cuillier eſt renfermée dans un eſpace comme X , & appuye toujours contre les taſſeaux qui ſont garnis de rouleaux.

Pour ſe ſervir de cette Machine , on employera des hommes à faire tourner la roue ; un autre homme ſera attentif pour élever ou abaiſſer la cramaillere : on commencera donc par faire déſengréner la cramaillere en ôtant le coin de la mortaiſe K ; la cramaillere n'engrénant plus eſt entraînée néceſſairement par le poids de la cuillier ; pour lors le poids L qui a ſervi à modérer la deſcente , ſe trouve élevé ; enſuite l'on retire en arriere cette cuillier par le moyen du cordage T & du levier O , pour faire décrire à la cuillier le plus grand arc poſſible , afin que revenant ſur la même ligne , elle enfonce par ſon propre poids & que par le tirage que l'on fera pour la faire labourer elle ſe rempliſſe de vaſe. Cette manœuvre étant faite , on enfoncera le coin dans la même mortaiſe K pour remonter le rouleau F , & la cramaillere engrénera dans le pignon E , lequel circulant avec la roue tirera la cramaillere ; celle-ci prenant la ſituation R G la cuillier ſe trouvera montée en *sqz* , où on la vuidera dans un bateau deſtiné à cet uſage.

Voici quelques remarques ſur les avantages & les inconveniens de cette Machine.

1°. Cette Machine n'ayant qu'une roue de vingt-quatre

pieds de diametre, la petite roue, son entretien, ses cordages de service se trouvent supprimés, de même que les trois hommes qui servent ordinairement à la faire mouvoir; mais aussi outre la difficulté & la dépense des cramailleres & des pignons, la tenacité de certains fonds, joint à ce que la cuillier devient d'un fort grand poids, tant par la matiere qui la compose, que par la vase qu'elle contient, sont peut-être capables de procurer des frottemens qui rendroient la Machine d'un grand entretien.

2°. Dans ce nouveau Ponton il se trouve un avantage à considérer, qui consiste en ce que la traction de la cuillier se fait en ligne droite sans le frottement de la chaîne contre la chape de la poulie par le tirage oblique qui se fait depuis cette poulie jusqu'à l'arbre de la roue comme dans les Pontons déja établis; ce qui contribue à la prompte consommation des chaînes & des cordages.

3°. Dans les Pontons ordinaires l'arbre se trouve couvert de plusieurs tours de chaînes & cordages avant que la cuillier soit montée à son point, ce qui diminue tellement la force de la roue qu'on est obligé d'augmenter le moteur. Cet inconvenient ne se rencontre point dans ce nouveau Ponton, puisque l'arbre a ce poids de moins; par conséquent demande moins d'hommes pour le servir.

4°. Il y a aussi moins de perte de tems dans cette Machine que dans l'ancienne, parce que pour servir cette derniere qui ne travaille qu'alternativement, les hommes sont obligés de marcher à contre sens à l'élevation de la cuillier, ce qui demande un certain tems. Dans celui-ci les hommes marchent sans interruption.

5°. L'Auteur prétendoit construire ces cramailleres par parties, & que chacune de ces parties pût se joindre par des goupilles, ayant plusieurs morceaux de rechange pour pouvoir renouer la cramaillere sur le champ en cas de rupture, ce qui est un avantage; au lieu que dans les Machines ordinaires, si un maillon casse on est obligé de

X iij

porterà la forge une chaîne toute entiere. Mais il faudroit aussi sçavoir si la maniere de renouer cette cramaillere n'est pas plus sujette à manquer que les maillons des chaînes ordinaires.

On n'examine point ici si les cramailleres & roues dentées ne deviennent point d'une exécution difficile, non plus que le grand poids dont la Machine se trouveroit chargée par-là, joint aux contrepoids appliqués aux extrémités des cramailleres.

On peut encore faire usage de la Machine suivante, dont le modele est dans le cabinet des Machines de l'Académie, que l'on conserve à l'Observatoire.

Herbert Sculp.

Echelle de 10 pieds.
1 2 3 4 5 6 7 8 9 10 pieds.

Harisel Sculp.

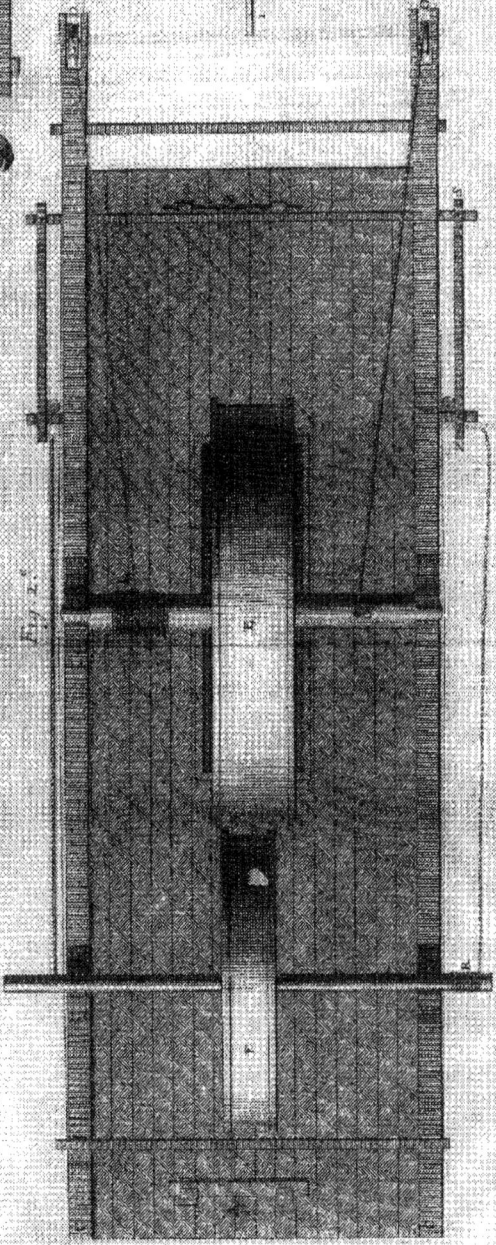

Fig. 1.re

Fig. 2.

Échelle de 6 pieds.

N.º 124.

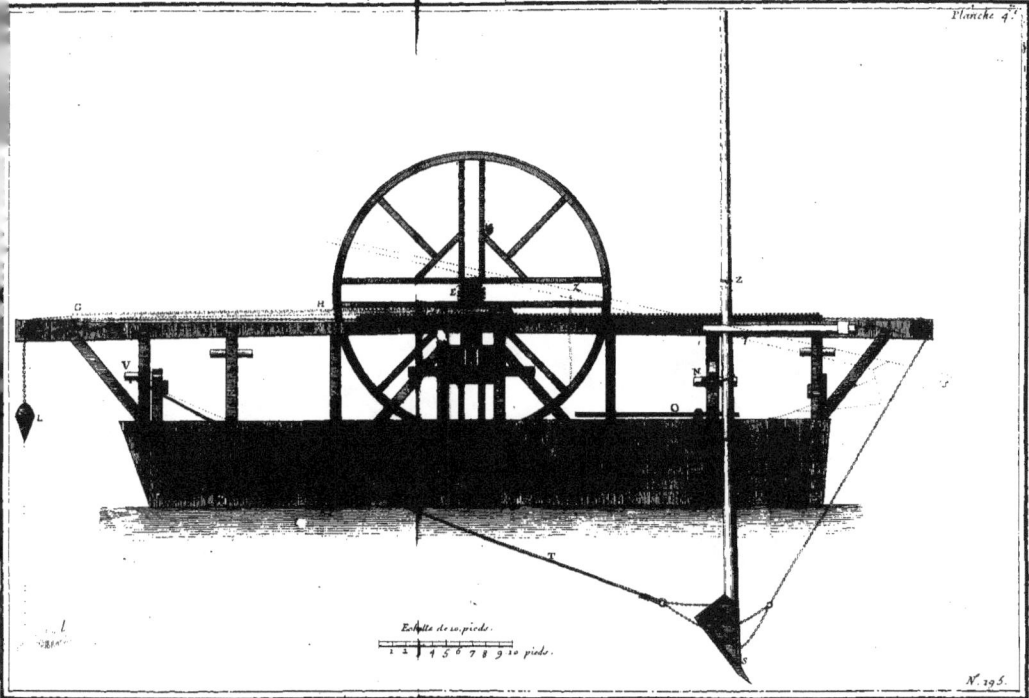

Echelle de 10 pieds.

1 2 3 4 5 6 7 8 9 10 pieds.

N. 295.

Herisset Sculp.

MACHINE

POUR NETTOYER LES PORTS.

CETTE Machine est portée par deux bateaux AA, BD joints ensemble à un de leurs bouts AA, pour y former une plate-forme sur laquelle les chevaux (qui servent d'agent) font tourner la roue M, étant attelés à des leviers fixés à son arbre. Cette roue engréne dans une lanterne L dont l'arbre est posé horisontalement; & à l'extrémité opposée à celle-ci est une seconde lanterne G, semblable à la premiere. La lanterne G engréne & fait tourner la grande roue EF, qui porte des dents posées perpendiculairement sur sa circonférence. Cette roue est garnie de six coffres 1, 2, 3, 4, 5, 6, espacés sur sa circonférence à distances égales. Ces coffres sont construits de même que celui de la Figure II. qui va être expliquée.

L'essieu de la roue EF est porté par ses extrémités sur des coussinets comme H, emboités entre les deux montans N, O, le long desquels ils se meuvent; ce qui se fait par le moyen des vis I, I, qui entrent dans des écrous faits à chaque coussinet. Ces vis servent à faire descendre & monter la grande roue EF, en appliquant une puissance P à la manivelle qui fait tourner la roue Q au bas des vis I, I.

Le coffre *a* est tout de fer, & n'a qu'un fond *b* qui s'ouvre par le moyen du ressort *c*, & se ferme par son propre poids lorsqu'il se trouve dans une direction verticale com-

1718.
N°. 196.
197.
198.
PLANCHE
I.
FIG. I.

FIG. II.

1718.
Nº. 196.
197.
198.

me le deuxiéme coffre de la premiere Figure. Ce coffre a deux charnieres e, f, & un anneau g, afin de l'attacher folidement contre la charpente de la roue aux endroits où on voit les autres placés. Le bec h facilite l'entrée du coffre dans la vafe, & la lame de fer lk recourbée fert à retenir le reffort & empêcher qu'il ne s'écarte.

Fig. I.

Les poids R, S, font attachés à des cordes qui paffent fur des poulies placées entre les traverfes TV; les autres bouts de ces cordes vont fe fixer aux oreilles des couffinets H; ces poids foulagent d'autant la puiffance appliquée en P, lorfqu'elle travaille à faire monter cette roue.

La Machine agit, comme on a déja dit, en attelant des chevaux à la barre C leur mouvement fait tourner la roue M qui engréne dans la lanterne L, enfemble la lanterne oppofée G qui engréne dans les dents placées au côté de la grande roue EF. Pendant ce tems les hommes appliqués aux manivelles P font defcendre cette roue, qui tournant toujours, trois de fes coffres entrent fucceffivement dans la vafe, & enfuite les mêmes puiffances appliquées aux manivelles P faifant remonter la roue, le cinquiéme coffre, par exemple, fe trouve hors de l'eau & rencontre une efpece de boëte coupée qui fe meut horifontalement au moyen des deux poulies qui font entre les barres de fer

Voyez
PLANCHE
II.
PLANCHE
I.

x, y; cette demi-boëte fuit précifément le coffre, parce qu'elle eft tirée par des poids tels que Y, qui lui font faire un frottement contre le coffre; enfin le reffort OK du même coffre étant arrivé à la detente 8 K pefe fur la queuë K du reffort, lequel fait tomber le fond du coffre, & par conféquent la vafe qu'il retenoit, dans la demi-boëte, qui la conduit au bateau placé au bout de la Machine.

L'on s'eft fervi autrefois de cette Machine; mais parce qu'on a trouvé depuis quelque chofe de plus fimple, comme celles dont on fe fert actuellement dans les Ports de Breft & de Toulon, on a négligé l'ufage de celle-ci,

non-feulement

1718.
N°. 198.

non-feulement à caufe des grandes fujétions qu'elle demande ; mais encore à caufe de la dureté de fes mouvemens à faire tourner , defcendre & monter prefque dans
le même-tems une roue de 30 pieds de diametre qui fait
un bras de levier confidérable , au bout duquel eft le poids
de la vafe. Tous ces inconveniens forment des obftacles
qu'on ne peut vaincre fans beaucoup de peine , fur-tout
quand on eft obligé de travailler dans des fonds qui ont
de la tenacité. On peut ajouter encore que cette Machine
ne pourra être propre que dans des Ports peu profonds ,
puifqu'elle ne fçauroit enfoncer plus que fon rayon , qui eft
de 15 pieds. En calculant fon effort , on trouve que la
force d'un cheval y fait équilibre avec une réfiftance de
437 livres. , comme on le verra par le calcul fuivant.

CALCUL.

Confidérant la barre C comme une roue , l'on nomme
r , la force qui lui eft appliquée , p rayon de la roue M ,
que l'on regarde comme agiffant directement contre la
grande roue EF , les lanternes L , G , étant parfaitement
égales. L'on nomme f , la force du coffre , n rayon du coffre , & S le rayon de la grande roue , depuis fes dents jufqu'à
fon centre ; on aura cette proportion , $pn : rs :: m : f$. En
nombres ; l'on fuppofe , $r = 6$ pouces. $p = 2$. $S = 15$, $n = 18$.
Par la proportion ci-deffus $18 \times 2 = 36$, pour premier terme & $15 \times 6 = 90$ pour le fecond , $m = 175$ effort d'un cheval en tirant de force continue , qui fera le troifiéme terme ;
tout cela forme la proportion fuivante $36. 90 :: 175. \frac{90 \times 175}{36}$.
La regle étant faite donnera $437 \frac{18}{36}$, qui fera la quantité de
vafe néceffaire pour faire équilibre avec l'effort d'un cheval. On augmentera enfuite le moteur felon le befoin.

1718.
N°. 198.

EXPLICATION DU PLAN.

PANCHE II. FIGURE III.

AB, AD. Les deux Bateaux.

AA. Plate-forme pour l'ufage du moteur.

EF. Grande roue où font appliqués les coffres.

HH. Son axe.

L. Lanterne qui engréne dans la roue M.

G. Lanterne qui mene la grande roue.

aa. Les coffres.

IK. Intervale pour le paffage de la grande roue.

PP. Manivelles qui fervent à faire tourner les roues NO.

TV. Cordes avec leurs poids attachés par leurs autres bouts aux oreilles des couffinets qui portent la grande roue, pour foulager les puiffances dans l'élevation de cette roue.

Q. Demi-boëte pour la conduite des vafes dans le bateau.

xy. Verges de fer entre lefquelles gliffe la demi-boëte.

XY. Corde qui tire cette demi-boëte à l'échappement du coffre, afin qu'elle conduife toute la vafe dans le bateau.

fig. 2.^e

fig. 1.re

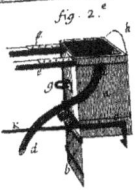

Herisset Sculp.

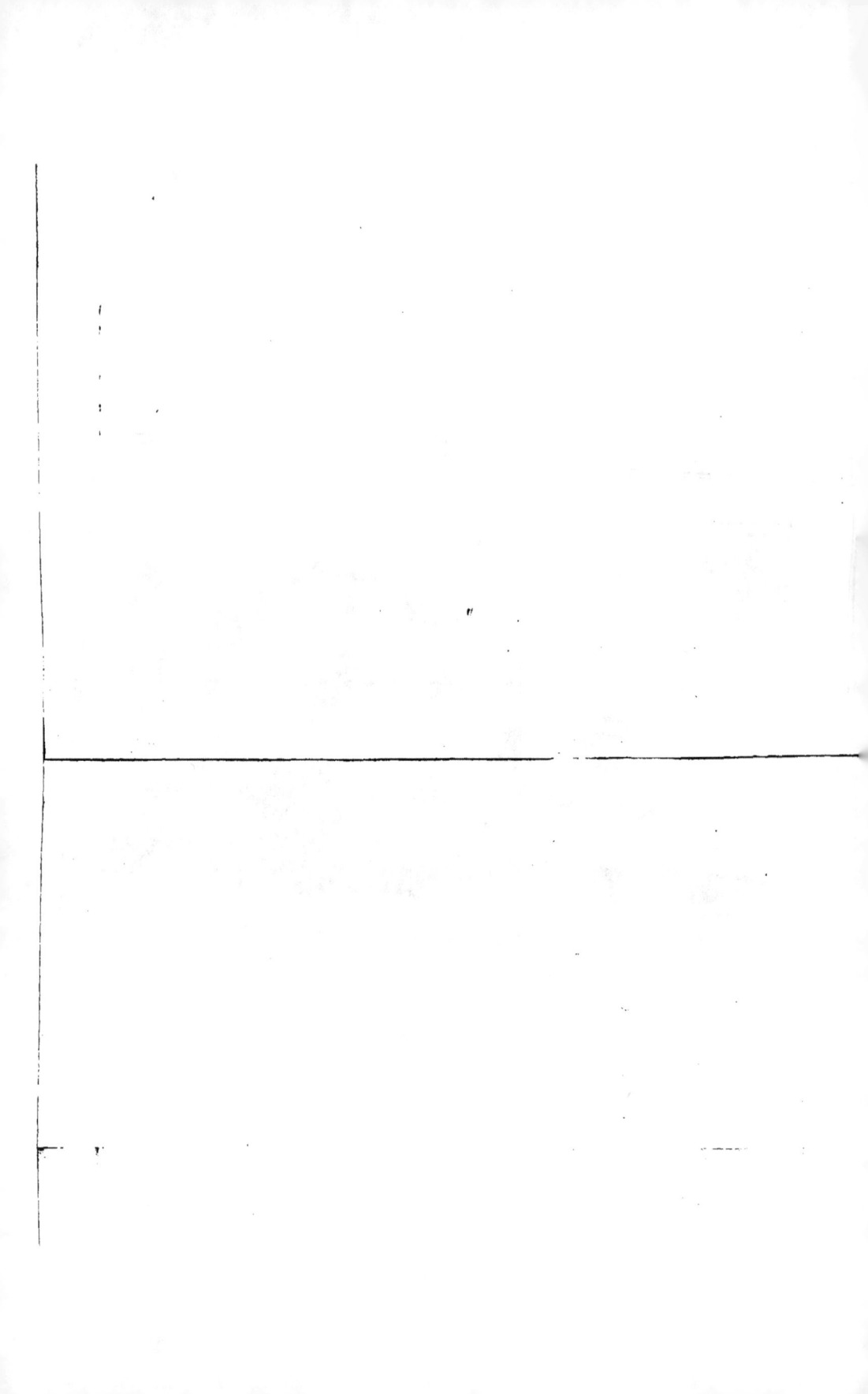

Planche 2.^e

fig. 3.^e

A.

C.

L.

I.

E.

D.

X

I

F.

O.

K.

X

Y

A.

B.

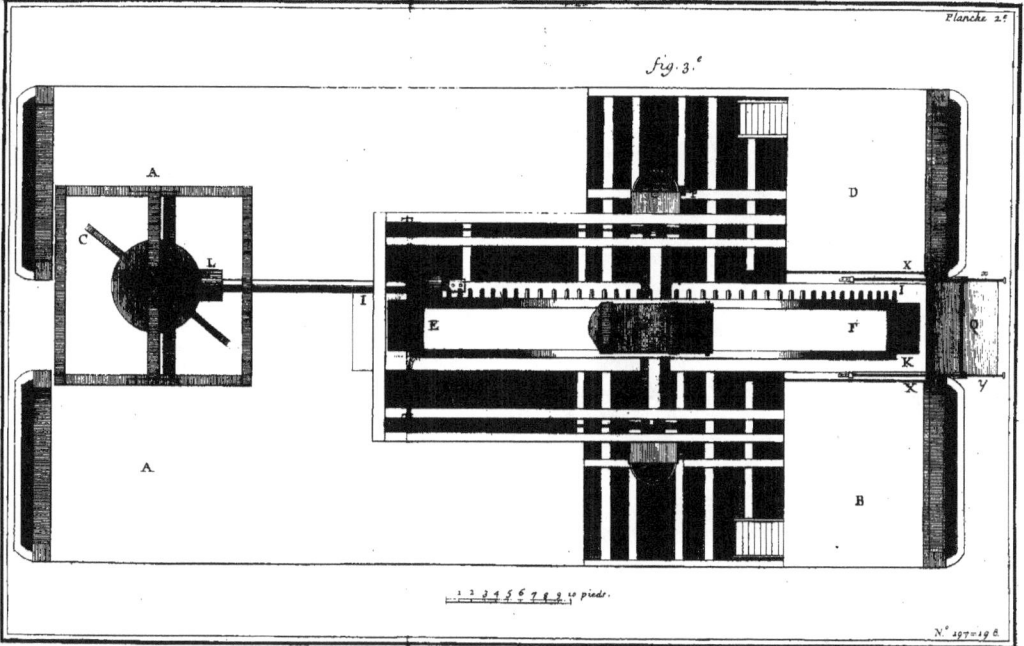

1 2 3 4 5 6 7 8 9 10 pieds.

N.º 197 = 198.

Hérisson Sculp.

INVENTIONS

POUR

LES ARMES A FEU.

PLATINE DE FUSIL

D'UNE CONSTRUCTION PARTICULIERE,

INVENTÉE

PAR M. DESCHAMPS.

UNe partie des Machines qui composent cette Platine, sont placées en dehors ; AB est le dehors sur lequel est attaché le grand ressort GHIL qui agit sur la noix E développée au bas de la Planche, & qui est marqué par les chiffres 3, 4, 5, 6. Le chien C qui tient à cette noix se meut avec elle autour du point N ; toutes ces parties sont retenues sur la Platine par la piece 10, 11, 12, dont le profil est représenté par la figure 7, 8, 9 ; au-dessous de la noix, est une entaille 3, dans laquelle entre un quarré F qui traverse la Platine ; c'est dans

1718.
N°. 199.

Y ij

1718.
N°. 199.

cette piece que confifte la fureté de l'arme. Lorfque le chien eft dans fon repos , ce quarré F reprefenté en W eft fixé au levier W Z X ; ce levier qui ne change point de figure fe meut horifontalement autour du point Z. Une feconde piece YVX mobile au point V , & pofée dans le même fens que la premiere , fert à tenir le chien bandé ; cette feconde piece a une pointe X coupée un peu en plan incliné , qui traverfe encore la Platine & fert à tenir le chien bandé en s'accrochant à l'endroit 5 de la noix E ou 4 , 5 , 6 : un double reffort *qrr* placé entre ces pieces fert à les écarter & tend toujours à faire engager l'extrémité Y de la piece XV dans une entaille faite à l'extrémité X du levier coudé WZX : c'eft pour lors que la Platine fe trouve bandée & eft en état de tirer , lorfque la gachete recule la piece Z , comme on l'expliquera dans la fuite. La batterie M ne differe point des batteries ordinaires , elle eft de même contretenue par un reffort. OP eft le dedans de la Platine , dans laquelle font arrangées les pieces que l'on vient de décrire. QR eft le double reffort , le levier coudé eft ST , la gachete recule en arriere l'extremité T qui détend la piece V. Voici comme quoi toutes ces pieces agiffent , la Platine étant fuppofée dans fon repos.

Le reffort QR qui tend à écarter le levier coudé TS , & la piece V , ne le peut faire , que lorfque l'on agit fur le chien avec une plus grande force que le grand reffort qui agit fur la noix , qui a communication avec la piece quarrée F ou W ; mais l'effort du grand reffort étant foutenu , rien n'empêche alors l'action du double reffort *qrr* , qui écarte la piece V , dont le bout Y s'engage à l'extrémité T du levier ST. L'autre bout X de la piece V arrête le chien & le tient bandé ; & quand on vient à lâcher la gachete , l'effort du grand reffort étant plus confidérable que celui du petit , il s'enfuit que l'ac-

tion se fait avec plus de rapidité , en obligeant le chien
de battre sur la batterie pour mettre feu·au bassinet ; pendant cette action le quarré F ou W rentre en dedans
& ne ressort que quand la noix lui présente son entaille , lorsque l'on veut mettre la batterie dans son repos.

1718.
No. 199.

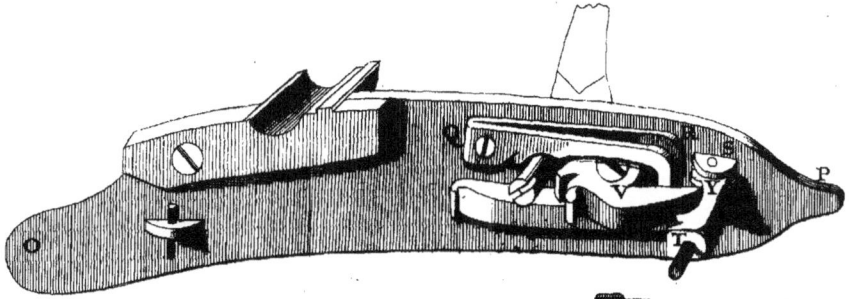

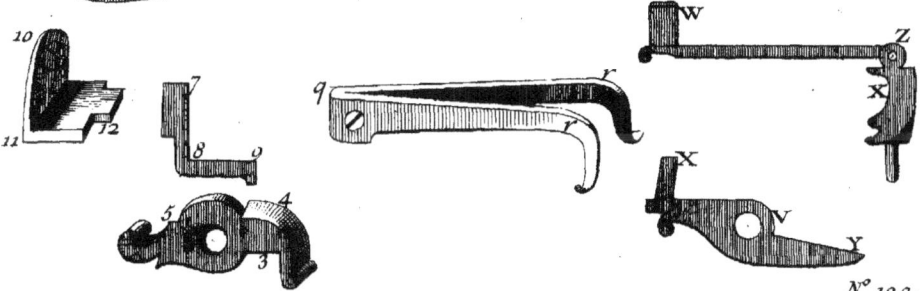

N.° 199.

Herisset Sculp.

AUTRES INVENTIONS

POUR

LES ARMES A FEU,

INVENTÉES

PAR M. DESCHAMPS.

CE qu'il y a de plus à confidérer dans cette Planche, eft le canon de fufil AB, depuis le bout fuppofé A jufqu'en D. Ce canon eft intérieurement égal dans toute fa longueur ; mais le refte du canon depuis le point D jufqu'à la culafle CE refte de la volée eft retréci, de forte que la partie CE eft de beaucoup plus épaifle que vers D ; cette volée n'eft autre chofe qu'un cone tronqué creux, qui a fa plus grande bafe en D circonférence du canon, & pour fa plus petite bafe le cercle qui fe trouve à la culafle C. La capacité de ce renfort doit être proportionnée au calibre du canon, c'eft-à-dire, à fa portée ; ce qui étant fuppofé, on concevra fans doute que fi l'on jette une bale de calibre dans ce canon, cette bale par fon accélération s'engagera fortement contre les côtés du renfort qu'elle trouve plus étroit que l'embou-

1718.
Nº. 200.

1718.
N°. 200.

chure , où elle étoit entrée fans peine : & afin qu'elle
preffe davantage contre les côtés & qu'elle foit plus af-
fermie dans le renfort , l'on peut d'un coup de croffe
contre terre l'obliger de defcendre , & elle fe trouvera
encore plus preffée par ces mêmes côtés, d'où l'on peut
conclure qu'étant comprimée dans cet endroit elle
obligera la poudre de s'enflammer entierement , cette
poudre rarefiant davantage l'air lui donnera plus de reffort , par conféquent la balle recevra une impreffion plus
grande , & fera portée plus loin que par un fufil ordinaire fans renfort & de même calibre.

Il fe trouve encore un autre avantage , qui eft que
cette balle étant affujétie comme on vient de le dire ,
il s'enfuivra que de quelque maniere qu'on puiffe porter
le fufil , la balle ne fçauroit tomber , à moins d'un grand
choc du côté de l'embouchure.

A l'égard des autres pieces repréfentées dans cette
Planche , ce font des pieces de fufil de grandeur naturelle , qui ne contiennent en elles - mêmes rien de nouveau & qui ne font fimplement que pour fervir de modele.
M. Defchamps ayant fait fur ces calibres quantité de
pieces pour former des batteries de fufil , ces pieces fe
font trouvé executées avec tant de précifion , qu'elles
fe convenoient toutes les unes aux autres , c'eft-à-dire, que
parmi un très - grand nombre de ces pieces mêlées enfemble , le premier chien que l'on prenoit convenoit à
la premiere plaque , la premiere noix au premier chien,
& de même des refforts & des vis , ce qui eft d'une
très-grande commodité dans les Arfenaux , fur - tout en
tems de guerre où pour la moindre piece qui fe trouve
caffée dans une platine , on eft obligé d'en changer tota-
lement.

MANIERE

Invention pour les Armes à feu.

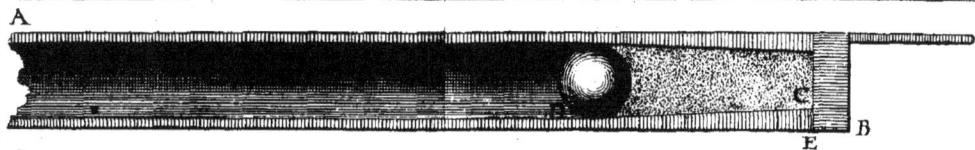

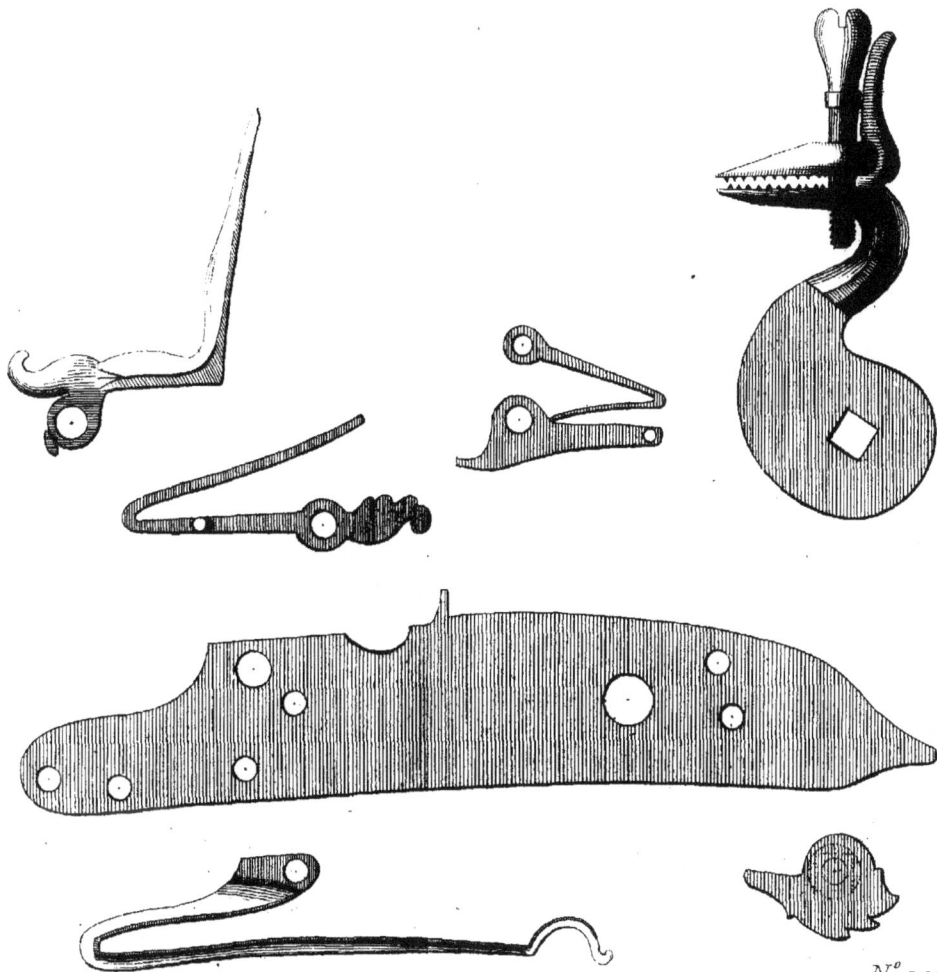

N.º 200

Hérisset Sculp.

MANIERE

DE METTRE FEU

A UNE PIECE D'ARTILLERIE,

INVENTÉE

PAR M. DESCHAMPS.

1718.
Nº. 201.

L A maniere dont ce canon eſt monté ſur ſon affût, fait aſſez connoître que l'uſage de cette invention eſt principalement deſtiné pour l'artillerie de la Marine. Cette invention conſiſte à appliquer une platine de fuſil A ſur la culaſſe du canon BD ; elle doit être diſpoſée de façon que la lumiere du canon ſe trouve entre le chien & la batterie. Une corde qui tient à la gachete ſert à faire partir le chien, le canonier étant appliqué en P. Voici l'expédient neceſſaire pour tenir cette platine ſur le canon.

On attachera une platine ordinaire le long de la plaque CE, ſoudée à une feüille de tole CFG pliée en goutiere, de maniere qu'elle ſoit capable d'embraſſer la groſſeur du canon, au moyen des pieces GL, CM, aſſemblées à charniere. Ces pieces ſe joindront en L & en M par un petit tenon & une clavette, & ſeront conſtruites de ſorte que l'on puiſſe ſerrer cette armure plus ou moins.

La plaque CE ſera percée d'autant de trous qu'il ſera

Rec. des Machines.   TOME III.   Z

1718.
N°. 201.

neceſſaire pour y aſſujétir la platine. Cette plaque aura une ouverture dans laquelle la gachete ſe pourra mouvoir librement. Cette Machine appliquée ſur la culaſſe d'un canon, le Canonier fera ſaiſir le canon contre le bord, après l'avoir chargé, il pointera comme à l'ordinaire, il ſe retirera derriere le canon en tenant à la main le cordon BP, & ayant toujours l'œil à la mire D; & quand il verra que le roulis tendra du côté qu'il veut, il ſe tiendra prêt pour tirer le cordon lorſqu'il verra la mire un peu au-deſſus de l'objet ſur lequel il veut donner.

Cette Machine, qui n'eſt point nouvelle, peut ſervir utilement lorſque le vaiſſeau eſt tourmenté par la mer; en ce cas étant obligé de tirer comme au vol, le Canonier fera bien plus ſûr de la juſteſſe de ſon coup, puiſqu'il mettra le feu lui-même.

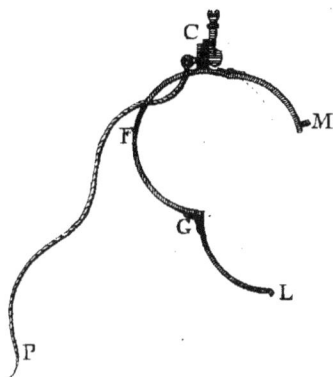

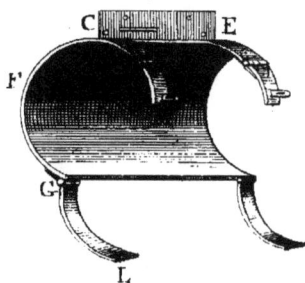

CANON CHAMBRÉ,

INVENTÉ

PAR M. DESCHAMPS.

L'EXTERIEUR du Canon AB n'a rien de particulier par rapport aux autres, il ne différe que par fon noyau CD, qui au lieu d'être cylindrique, eft formé par un cone tronqué. A l'extrémité C eft une chambre de figure fpherique; la lumiere eft à l'endroit E comme à l'ordinaire.

1718.
Nº. 202.

Les avantages qu'on a prétendu trouver dans cette efpece de canon, font que le noyau eft un cone tronqué, dans lequel le boulet étant chaffé foit en levant la bouche du canon, afin de lui donner une inclinaifon, foit en le chaffant avec le refouloir, ce boulet s'y engagera néceffairement, & par là donnera plus de tems à la poudre de s'enflammer; de forte que le boulet étant une fois dégagé, ira directement fans toucher au refte du noyau, puifqu'il s'élargit toujours, à l'égard du boulet, en venant du côté de la bouche : ce frottement étant de moins dans ce Canon, on eftime qu'il feroit d'une plus grande portée.

Le fecond avantage confifte dans la capacité de la chambre pratiquée à la culaffe du canon; cette chambre étant d'une plus grande étendue que les noyaux ordinaires, il eft certain qu'elle contiendra une plus grande quantité de poudre, qui étant toute enflammée, chaffera le boulet plus loin que les charges ordinaires.

Z ij

1718.
N°. 202.

Il faut remarquer deux chofes fur ces avantages.

1°. D'être bien fûr de la charge de poudre pour qu'elle puiffe remplir toute la capacité de la chambre, & en même-tems ne pofter à ce Canon que des gens fort attentifs & qui ne prennent que les boulets de calibre ; car il pourroit arriver que l'on prît un boulet d'un plus grand diametre qu'il ne faudroit : pour lors ce boulet s'arrêtant au-deffus de l'embouchure de la chambre, il refteroit un intervale entre la poudre & le boulet, qui feroit crever le Canon.

2°. Il eft à craindre que la poudre ne s'enflamme pas toute à la fois, & qu'il n'en refte dans le fond de la chambre, ce qui cauferoit fouvent des accidents qui feroient d'autant plus fréquens que l'on tireroit beaucoup avec la même piece, parce qu'il feroit difficile de rafraîchir cette chambre par rapport à fa figure, & le fond reftant toujours chaud il y auroit beaucoup de rifque pour ceux qui feroient deftinés au fervice d'une pareille artillerie.

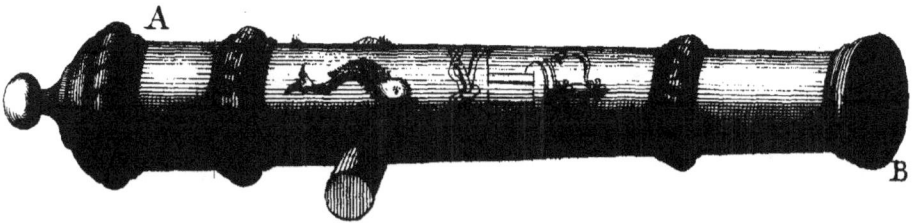

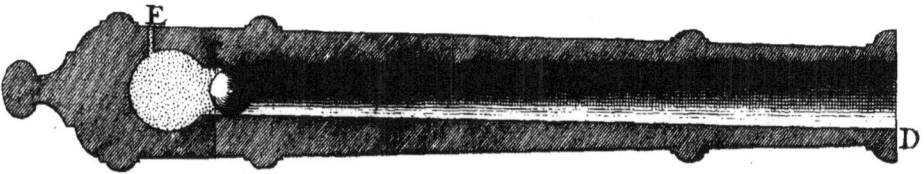

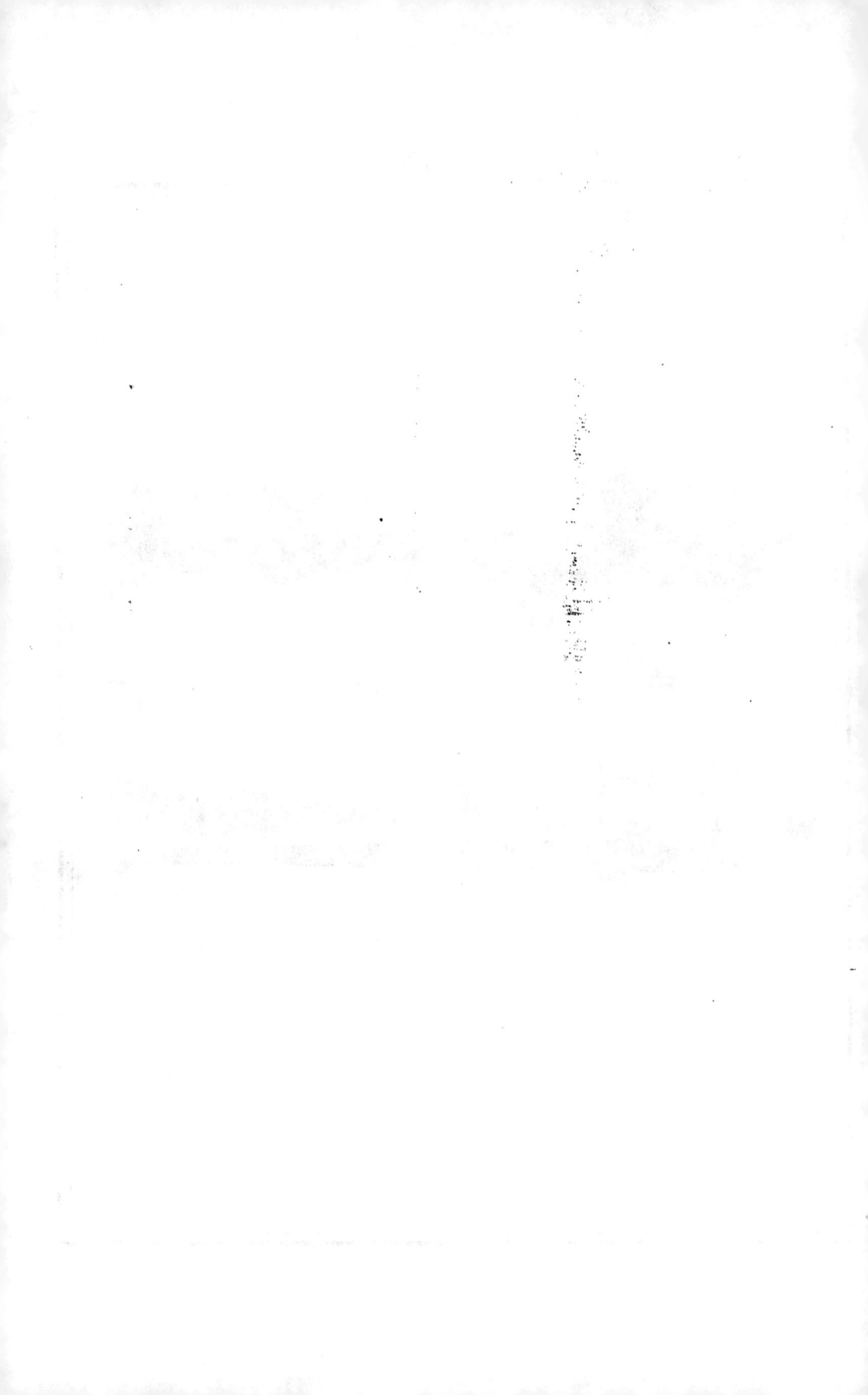

FUSIL

QUI S'AMORCE DE LUI-MESME

ET

DANS LEQUEL LA BALLE EST FORCE'E,

INVENTÉ

PAR M. DESCHAMPS.

LE fût du Fusil AB ne va que jusqu'en D , le reste est le canon tout simple , la baguette est supprimée. EF est une coupe verticale qui fait voir l'intérieur du canon. Dans ce canon sont trois ressorts GHI attachés à vis contre les parois du canon par un de leurs bouts seulement , les autres bouts des ressorts s'approchent du centre de l'ame.

6 , 5 est une coupe horisontale par le milieu de la lumiere ; M est le bassinet ; PI est la lumiere , qui doit être fort grande , & l'on amincit toujours le metal jusqu'en L.

Pour charger cette arme , on prend la quantité de poudre necessaire à la charge , on la jette dans le canon , ensuite la balle Z qui est de calibre. Lorsqu'elle tombe de toute la longueur de la volée , elle force les ressorts

1718.
N°. 203.

Z iij

en les écartant toujours jufqu'à ce qu'elle porte fur la poudre. Il n'eft pas douteux que par une lumiere d'un fi
grand diametre le Fufil ne fe trouve amorcé, d'où il s'enfuivra qu'avec une telle arme on pourra tirer une grande
quantité de coups pendant un médiocre fervice des fufils
ordinaires.

QR eft le corps du fourniment, ST eft le conduit de
la poudre; ce conduit (qui eft fuppofé affez grand pour
contenir une charge) eft garni de deux languettes qui en
bouchent les ouvertures, la premiere VX bouche le paffage du fourniment au conduit, la feconde YZ en empêche
la fortie; toutes deux font mobiles aux points XY & font
pouffées par des refforts 3, 4; ces languettes font garnies
de boutons 7, 8, qui font en dehors du fourniment, au
moyen defquels on peut donner un paffage libre à la poudre. Par exemple, ou commence par la languette V, que
l'on recule; pour lors la poudre tombe dans l'intervale Z
& en remplit la capacité: lâchant enfuite cette premiere
languette (que l'on peut appeller *coupe-poudre*) la charge
fe trouve faite; on n'a qu'à ouvrir l'autre languette Z &
mettre cette charge dans le canon.

Fusil qui s'amorce de luy même et dans le quel la balle est forcée.

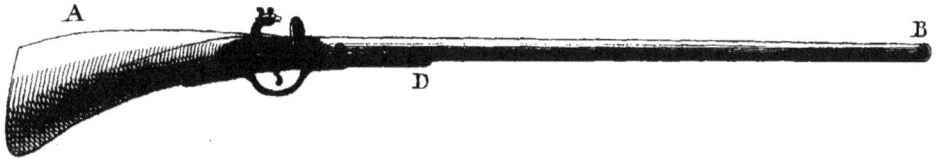

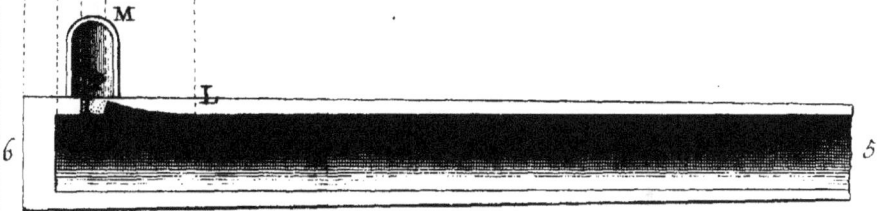

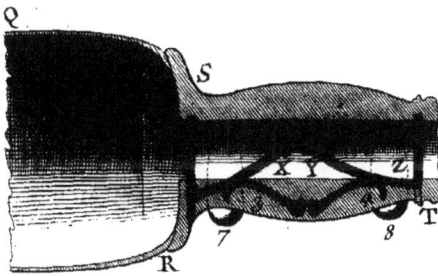

A   B

D

E   F   Z

M

6   L   5

Q   S   X   Z

R   7   8   T

CANON DE FUSIL

OÙ LA BALLE SE FORCE PAR SA CHUTE,

INVENTÉ

PAR M. DESCHAMPS.

L'ON suppofe ici que l'on ait des cartouches qui contiennent autant de poudre qu'il en faut pour remplir la capacité de la chambre ABCD faite à la culaffe du canon EF; GH en eft l'extérieur. La chambre fe termine à l'endroit AD par une ouverture circulaire d'un diametre moindre que celui de la balle ; après avoir crevé la cartouche on jette la poudre dans le canon , la chambre étant pleine on jette la balle , qui s'engage d'elle-même dans le collet AD & y tient affez pour y refter fans tomber & même pour donner le tems à toute la poudre de s'enflammer.

Pour tirer fûrement avec cette arme, il faut deux conditions ; la premiere , d'avoir des cartouches comme on l'a dit , qui contiennent autant de poudre qu'il en faut pour remplir la chambre ; la feconde condition eft d'avoir toujours des balles de calibre ; car fi elles fe trouvoient d'un trop petit diametre , elles ne fe forceroient plus , & fi elles fe trouvoient trop grandes , elles pourroient refter en chemin & faire crever le canon.

1718.
Nᶜ. 204.

BAYONNETTES

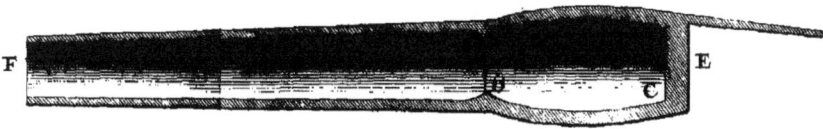

Dheulland Sculp.

BAYONNETTES

A RESSORT,

INVENTÉES

PAR M. DESCHAMPS.

1718.
Nº. 205.

LE fufil AB ne diffère des fufils ordinaires, qu'en ce que fes porte-baguettes font placés de côté au lieu d'être deffous ; c'eft à cet endroit qu'on a attaché la bayonnette CD qui fait charniere à l'endroit C ; l'extrémité D entre dans un verroüil E, qui eft toujours pouffé vers le bout du fufil par un reffort. Voici la conftruction de la Bayonnette & du verroüil.

FGH eft la même Bayonnette en grand, l'extrémité F eft affujétie dans une chape avec une goupille, elle fe meut librement dans cette chape. Cette Bayonnette étant applatie on fait une mortaife à l'endroit G qui répond à un tenon I attaché au fût du fufil ; ce tenon eft percé dans toute fon épaiffeur pour recevoir l'extrémité L du reffort LM attaché à la Bayonnette, de maniere que le bout L de ce reffort entre dans le tenon I de même que le pêne d'une ferrure entre dans fa gâche quand on pouffe la porte avec un peu de force & lorfque l'extrémité du pêne eft arrondi, comme l'eft celui de ce reffort, qui pour lors tient & affujétit fermement la Bayonnette au bout du fufil ;

1718.
Nº. 205.

en dégageant ce même reſſort la Bayonnette revient &
s'applique le long du fuſil , on enferme ſa pointe dans le
verroüil E ; ce verroüil repréſenté en grand par la Figure
NO , eſt percé par ſon extrémité O , il eſt à couliſſe dans
le fût du canon , & eſt toujours pouſſé par le reſſort P vers
le bout , de maniere que la Bayonnette ne ſçauroit s'en dégager , à moins que l'on ne retire le verroüil. Voici comme
on préſente la Bayonnette au bout du fuſil.

Après avoir tiré le coup de fuſil on dégage ſubitement
la pointe de la Bayonnette & ayant la main à l'endroit E
pour ſoutenir le fuſil , on ne fait qu'abaiſſer tout-à-coup
l'extrémité S de la croſſe ſüivant l'arc S s , alors la Bayonnette parcourt le demi-cercle ETD & ſe place d'elle-même ; ce ſervice ſe fait avec une promptitude preſque in-
croyable , & la Bayonnette eſt unie ſolidement au fuſil. La
Figure Z eſt une autre Bayonnette qui ſert de couteau de
chaſſe ; le manche R eſt à vis & enferme la doüille Y qui
s'unit au fuſil à la maniere ordinaire.

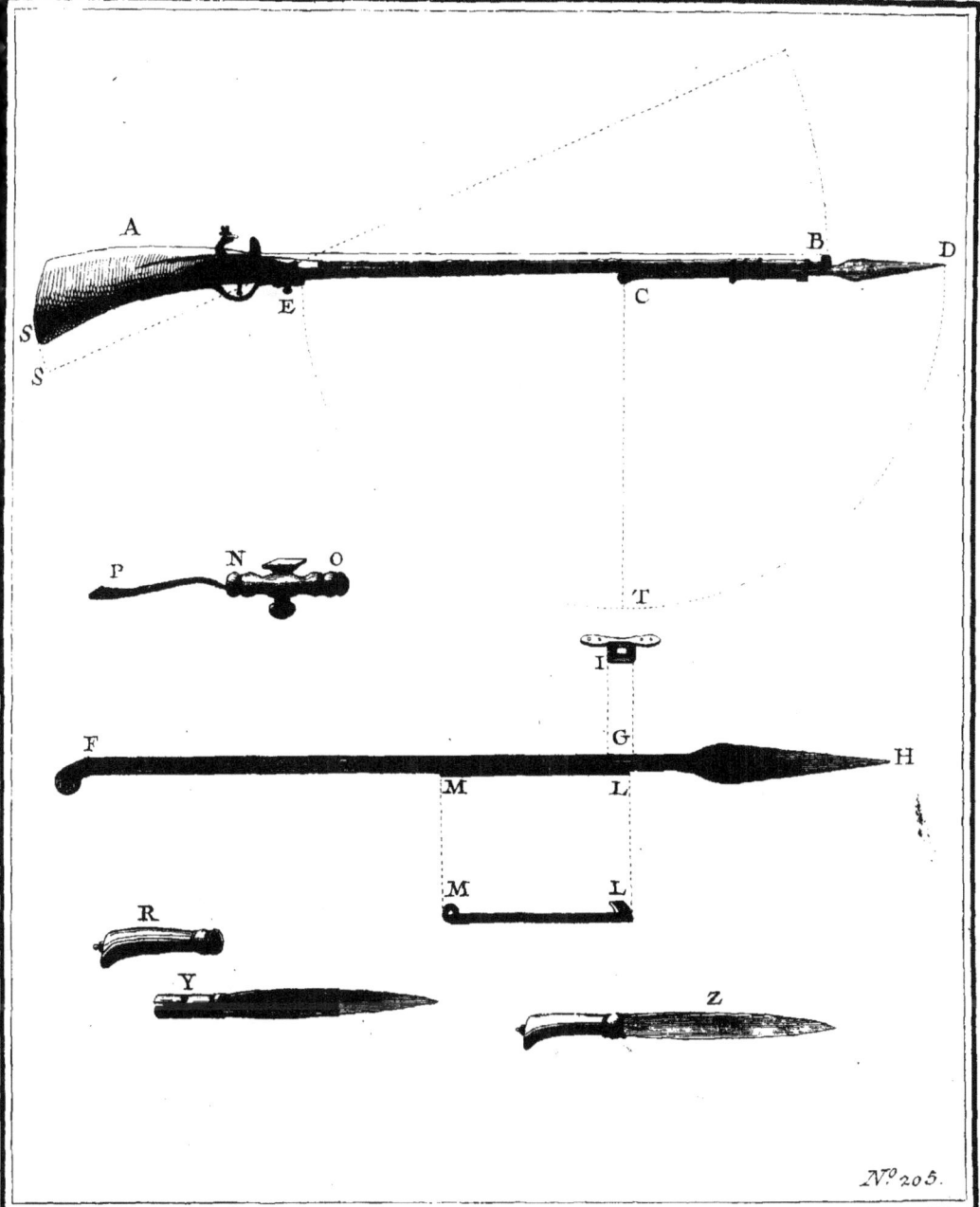

Bayonnette a Ressort.

N.º 205.

Dheulland Sculp.

AUTRE BAYONNETTE

A RESSORT,

INVENTÉE

PAR M. DESCHAMPS.

AB eſt le fuſil, au bout duquel eſt la Bayonnette CD; cette Bayonnette qui eſt contenue dans le fût du fuſil ſe préſente au bout par la Mecanique ſuivante.

1718.
No. 206.

Le fût EF eſt ſuppoſé aſſez gros pour contenir la largeur de la Bayonnette G ; cette Bayonnette eſt fixée à une piece ronde qui peut jouer dans le cylindre FF; cette piece porte un bouton H, qui ſert à la retirer en dedans. Ce bouton qui eſt extérieur coule le long d'une rainure IL faite dans l'épaiſſeur du bois. La Bayonnette eſt chaſſée par un reſſort à boudin M qui a aſſez de force pour la pouſſer juſqu'au bout, en l'obligeant même de s'engager dans une targette à reſſort N. Une pareille targette P eſt aſſujétie du côté de la foûgarde qui ſert à la retenir en dedans ; ces deux targettes ſont placées en dehors, de maniere qu'en tirant le petit bouton R de la targette, l'autre bouton H étant libre eſt entraîné par la Bayonnette, laquelle étant chaſſée par le reſſort à boudin, s'engage dans la targette N qui la retient ferme contre la réſiſtance qui pourroit ſe rencontrer. Cette Bayonnette coule auſſi trèsſubtilement le long du fuſil où elle ſe préſente. Cet effet ſe fera avec d'autant plus de promptitude que le reſſort à boudin ſera meilleur.

Aa ij

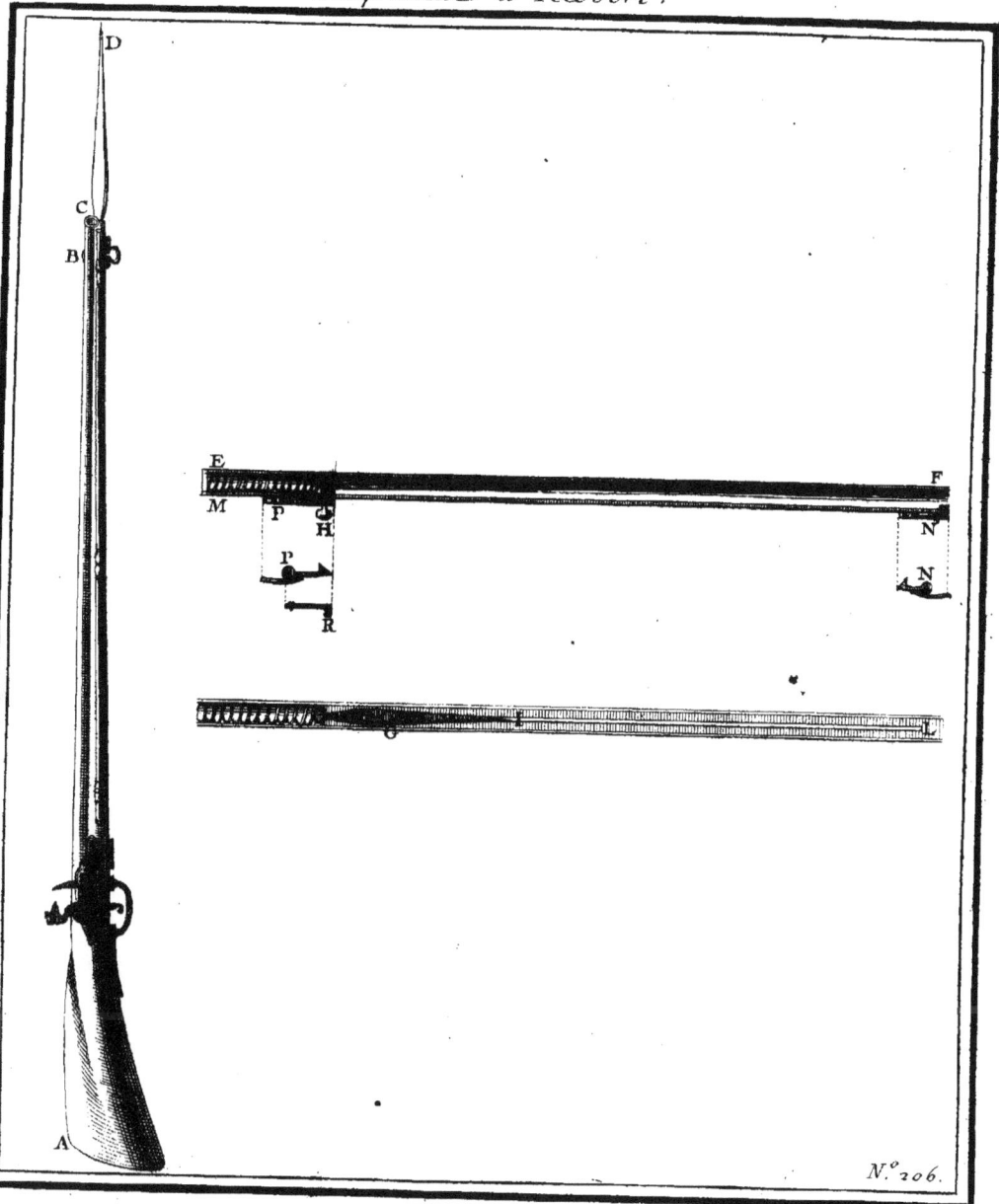

Herisset Sculp.

MACHINE

POUR

BATTRE DES AIGUILLES DANS L'EAU,

PROPOSÉE

PAR M. VERGIER.

A, A, font deux montans affemblés à leurs extrémités par des traverfes; ces montans ont intérieurement dans leur épaiffeur des rainures pour recevoir l'étrier DB, qui qui s'y doit mouvoir librement de bas en haut; cet étrier porte une forte maffe I par le moyen d'un levier KL qui lui fert de manche; ce manche eft mobile fur la barre B de l'étrier qui le fupporte en le traverfant, cet étrier eft lui-même fufpendu par une corde qui paffe fur une premiere poulie F pratiquée dans l'épaiffeur de la traverfe fupérieu-re E; cette corde paffe encore fur une feconde poulie G, & vient fe fixer en fe roulant fur le treüil H, par ce moyen l'on peut hauffer ou baiffer plus ou moins l'étrier, & par conféquent le marteau qui y eft adapté.

M eft une efpece de boëte faite en équerre qui tient à l'étrier. L'ufage de cette boëte eft de faire connoître quand le marteau eft fuffifamment élevé pour frapper fur la tête P de l'aiguille, ce que l'on reconnoîtra quand cette boëte

1718.
N°. 207.

A a iij

touchera elle-même à cette tête. On applique un homme à la corde N qui tire & qui lâche alternativement la queue L du marteau & frappe sur la tête de l'aiguille pour l'enfoncer, de même que la sonnete ordinaire.

Voici les observations à faire dans la construction de cette Machine.

1°. Il faudra que le plat de la tête du marteau soit taillé en biseau, pour suppléer à l'inclinaison du manche, afin que la masse frappe à plein sur l'aiguille.

2°. Que la queue du marteau soit la plus legere qu'il sera possible pour que la masse soit moins contrebalancée, & qu'elle puisse frapper avec toute la force dont elle sera capable.

Cette Machine n'est point nouvelle, elle différe peu d'une Machine pour le même usage qui se trouve *dans le Theatre des Instrumens de Mathematiques & Mecaniques de Jacques Besson imprimé à Lyon en 1579. page 23. in fol.*

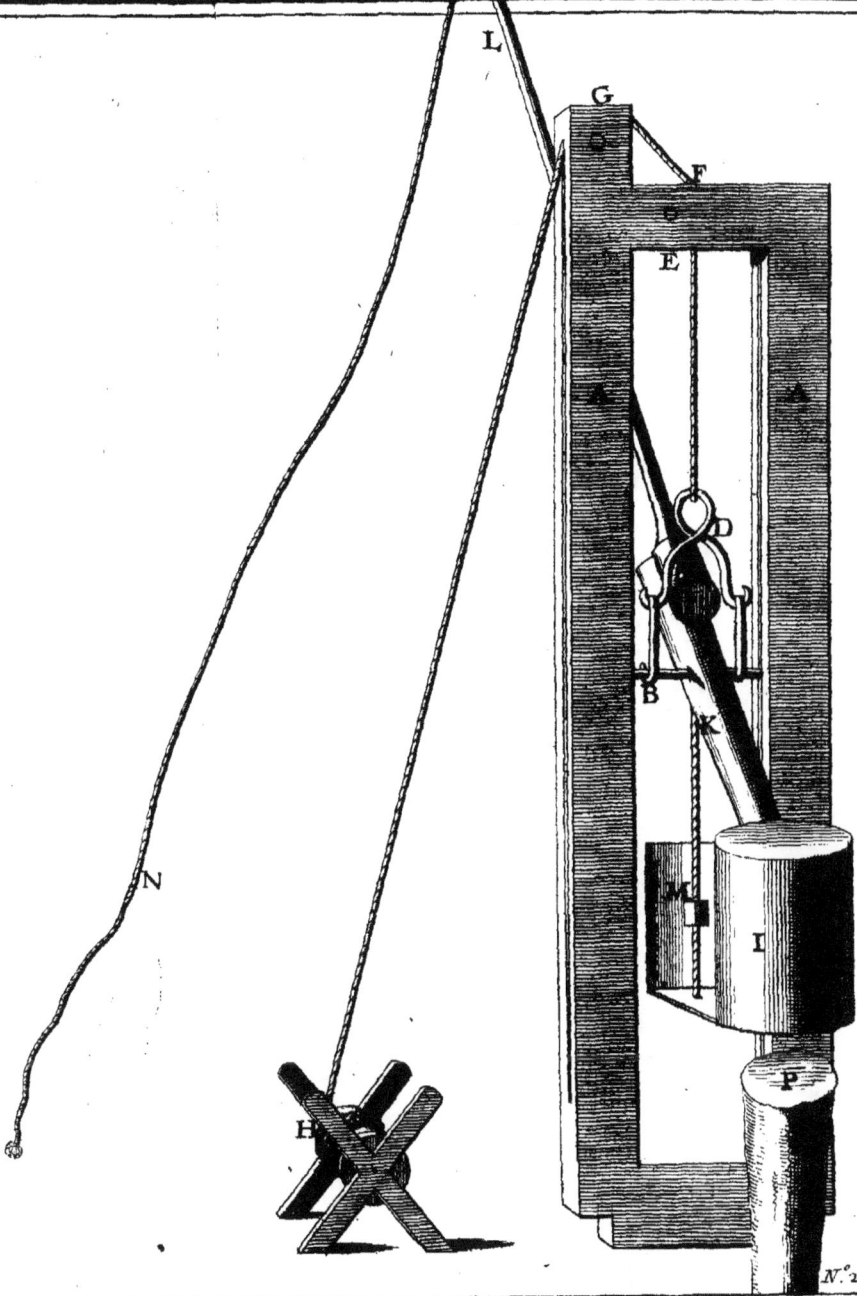

L

G

F

C

E

A

A

D

a

B

K

M

I

N

H

P

N.º 207.

Berisset Sculp.

FONTAINE
ARTIFICIELLE,
PROPOSÉE
PAR M. MARCHAND.

AB eſt un vaiſſeau de figure quarrée qui contient les deux corps de pompes CD , auſquels ſont adaptés les ajutages CE, DF qui rendent l'eau dans le reſervoir GH aſſez élevé pour que le jet monte à la hauteur demandée. Un tuyau vertical IL fixé au centre du reſervoir , ſert à conduire l'eau dans le milieu du baſſin MN où ſe fait le jet. Une conduite OP qui va du baſſin NM au vaiſſeau AB, ſert auſſi de communication à l'eau du jet & à celle qui eſt refoulée par la Machine , de maniere que ce tuyau en fournit en raiſon de ce que les corps de pompes peuvent en monter , & qu'il s'en trouve toujours la quantité neceſſaire pour fournir à la dépenſe du jet; l'on pourra employer le moteur que l'on jugera à propos pour faire jouer les pompes. L'on ne fait ici qu'une application des tiges QR , QR des piſtons à des balanciers TV , TV mobiles aux points T , T , auſſi-bien que les tiges qui ſe meuvent autour des points R , R. Les choſes étant dans cet état & les deux pompes agiſſant alternativement l'une l'autre , c'eſt-à-dire , l'une refoulant pendant que l'autre aſpire , & pratiquant des ſoupapes aux ajutages aux endroits C, O , où ils ſont aſſemblés ; il eſt clair que l'eau montera continuellement par les ajutages qui ſe dégorgeront dans le reſervoir GH , d'où elle ſortira par le tuyau vertical IL pour ſortir par la lumiere du baſſin où

1718.
Nº. 208.

fe formera le jet. Ce baffin ayant affez d'étendue pour la recevoir en retombant, il eft évident que cette même eau retournera au lieu d'où elle étoit partie au moyen du tuyau de communication OP, d'où il s'enfuivra qu'une certaine quantité d'eau pourra fervir long-tems en circulant de cette maniere, fans une perte abfolument confidérable.

Cette Machine eft ingenieufement imaginée, & quoiqu'elle ne foit pas nouvelle, & qu'elle ait été exécutée en plufieurs endroits, on croit qu'il ne fera point inutile de joindre à cette defcription une Table des différentes hauteurs des refervoirs, par rapport aux différens jets depuis dix pieds de hauteur jufqu'à quatre-vingt. L'on fçait que l'eau ne monte jamais auffi haut que fa fource, à moins qu'elle ne foit contenue dans des tuyaux. Cette Table donne d'un côté la hauteur des jets, & de l'autre la hauteur du refervoir, par rapport au jet qui lui répond.

Hauteur des Jets en pieds.	Hauteur des Refervoirs en pieds.	
10	10P	4P
15	15	9
20	21	4
25	27	1
30	33	0
36	40	0
44	50	0
50	58	4
60	72	0
66	80	0
73	90	0
80	100	0

MACHINE

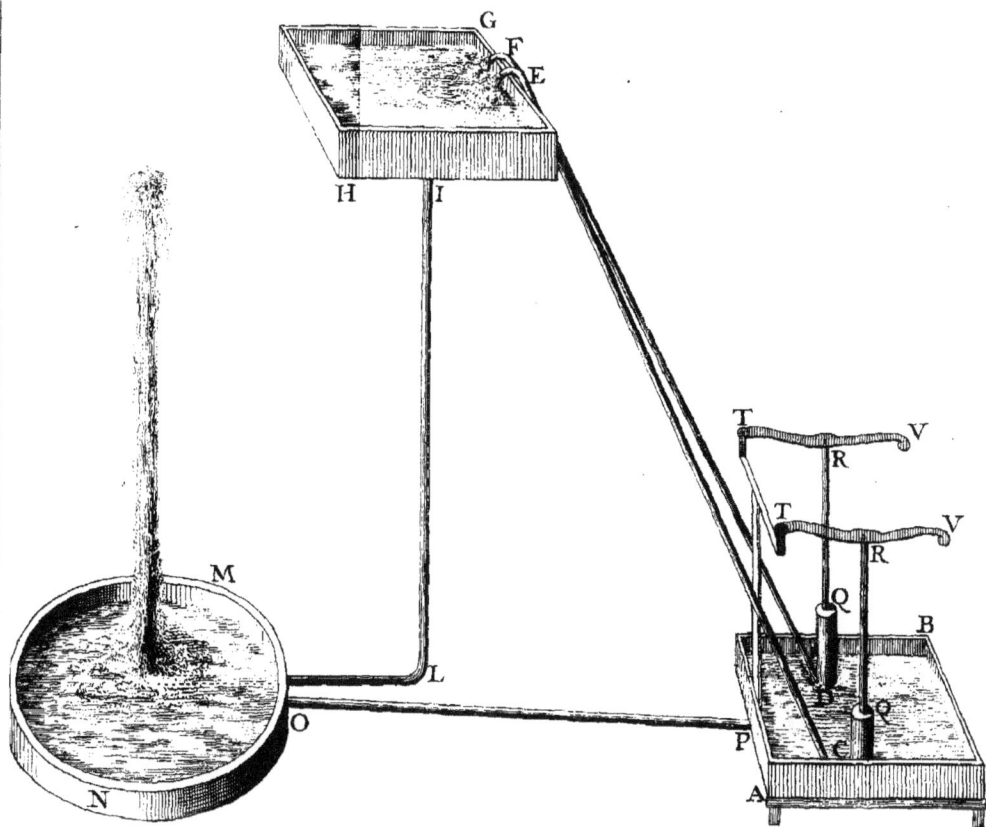

Dheulland Sculp.

No. 208.

MACHINE
POUR ATTIRER DES FARDEAUX,
INVENTÉE
PAR M. ALIX.

CETTE Machine eſt renfermée dans un batis de charpente AB, elle conſiſte en deux treüils CD, EF,
l'un horiſontal, & l'autre vertical; ce dernier auquel eſt
attaché le fardeau Q & qui peut tourner ſur lui-même,
porte une roue de chan ST taillée en rochet dans laquelle
engrénent deux cliquets ON, PR qui ſont adaptés au cylindre horiſontal par des charnieres. Ce même cylindre
porte deux pendules XV que l'on fait mouvoir; l'étrier
LIH qui embraſſe le cylindre C, ſert à porter l'arbre EF.

1718.
N°. 209.
FIG. I.

 Pour concevoir le mouvement de cette Machine, il faut
d'abord remarquer que les cliquets NO, PR engrénent
d'une façon diamétralement oppoſée, c'eſt-à-dire, que
quand la puiſſance Y fait faire aux pendules la vibration Xy,
c'eſt le cliquet PR qui tire & qui fait tourner la roue,
pendant ce tems l'autre cliquet qui eſt à charniere a fléchi
à ce mouvement pour reprendre une autre dent, dans laquelle il eſt tombé par ſon propre poids; le pendule achevant donc ſa vibration d'yX en x, pour lors le cliquet ON
tire & l'autre fléchit ainſi alternativement; d'où il ſuit que
cette Machine, quoique longue à opérer, travaille toujours ſans perte de tems, & que l'on peut par ſon moyen
attirer ou lever de fort gros fardeaux.

FIG. I.

 L'on voit que cette Machine n'eſt autre choſe qu'un
échappement de pendule dont l'application pourra ſervir
dans des cas particuliers.

Rec. des Machines.   TOME III Bb

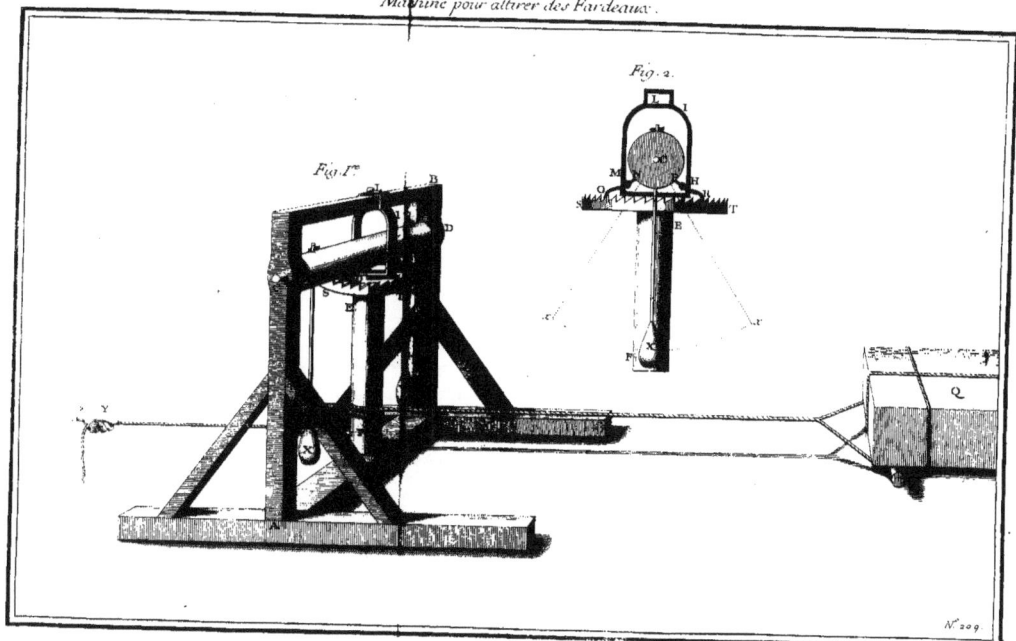

Machine pour attirer des Fardeaux.

Fig. 2.

Fig. 1.ʳᵉ

N° 209

Hersset Sculp.

RECUEIL
DES MACHINES
APPROUVÉES
PAR L'ACADÉMIE ROYALE
DES SCIENCES.

ANNÉE 1719.

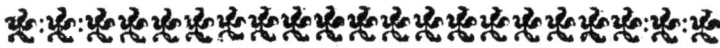

CHARIOT BRISÉ,

INVENTÉ

PAR M. LE LARGE.

AIO , LMC font deux Chariots joints enfemble à l'endroit B par une cheville ouvriere , autour de laquelle l'un ou l'autre peut tourner librement. Ces voitures n'ont point d'effieu qui les traverfe , leurs roues font emboi-tées par leur moyeu entre deux limons HI , LM ou DE. Les effieux font fort petits & très-forts & peuvent être retenus par les bouts , ce qui empêchera les moyeux de toucher & de frotter contre les limons. Les limons entre lefquels font enchaffées les roues font arrêtés fur deux tra-verfes telles que NO , l'une devant & l'autre derriere , & ces traverfes ne doivent être éloignées des roues qu'au-tant qu'il eft neceffaire pour les laiffer tourner. Les limons extérieurs feront un peu cintrés pour empêcher les voitures de l'accrocher. Les voitures faites fur ce principe n'ont guéres que le tiers des frottemens des autres , car le dia-metre des effieux peut être diminué de plus de la moitié , & comme nous l'avons déja dit , les bouts des moyeux ne frottent point contre les limons.

Ces voitures font moins fujetes à verfer , parce que les roues n'ufant point dans les moyeux , elles ne peuvent ba-loter , & n'ayant point d'effieu qui traverfe la voiture , l'on peut mettre la charge auffi bas que le chemin le peut

1719.
N°. 210.
FIG. I.
FIG. I. & II.

permettre, la charge fe pouvant mettre en partie en-deffous du centre des roues dans la charette & le fourgon :
cela foulagera beaucoup les limoniers dans les defcentes;
car dans ces endroits la pente & l'enrouage des roues ten-
dent à charger à dos les limoniers, & cet incident eft fouvent caufe que ces chevaux ne peuvent relever leur train
de derriere lorfqu'ils font baiffés à un certain dégré.

Le corps d'une charette faite fur ce principe peut être
beaucoup plus large que les autres, parce que les roues
ne balotant plus, ne peuvent en penchant toucher le corps
de la charette; il ne fera plus befoin de douze à quinze
pouces de jeu entre le corps de la charette & les rays des
roues comme dans les voitures ordinaires. La voiture étant
plus large elle fera moins longue, & par là il ne faudra plus
des limons fi gros & fi péfants, & l'on aura plus de facilité à la charger.

Voici les avantages du Chariot fur la charette, fuppofant qu'ils portent l'un & l'autre la même charge, ce que
l'on pourra facilement comparer à l'infpection de la Figure II. qui eft le profil du chariot avec le profil de la charette ordinaire FG.

La charge du chariot eft partagée en deux parties, l'u-
ne porte fur le train d'avant, & l'autre fur le train d'arriere :
la charge ainfi partagée, voici quelques avantages qui en
réfultent.

1ᵒ. Les chemins en font moins rompus par la péfanteur
du fardeau, l'expérience nous apprenant que les efforts qui
agiffent féparément font moins d'effet que lorfqu'ils font
réunis.

2ᵒ. La voiture en eft plus aifée à tirer, tant fur le pavé
que fur la terre; car lorfqu'un train defcendra une hauteur
il aidera l'autre train qui en montera un autre; & dans les
terres & les fables, les roues y enfonceront moins.

3ᵒ. Une roue d'une voiture ordinaire étant fur un pavé
un peu incliné y refte fans gliffer, fi elle n'eft chargée que

jufqu'à un certain dégré , paffé ce dégré de charge elle gliffe de côté & retombe dans un joint de pavé : cela eft d'expérience. Les voitures qui font les plus chargées , font celles qui font le plus de ces fortes de gliffades & cet inconvenient , qui eft très-fréquent produit un défavantage , même plus grand qu'à proportion de la defcente de la roue ; car outre la defcente , la gliffade fe faifant de côté elle altére la viteffe aquife de la voiture.

Dans ce Chariot la charge portant fur plus de roues , cet inconvenient ne s'y trouve plus , & enfin le Chariot eft plus aifé à enrayer aux defcentes que les charettes ; & par là il y a moins de rifque pour les chevaux qui les retiennent.

FOURGON

Fig. 2.e

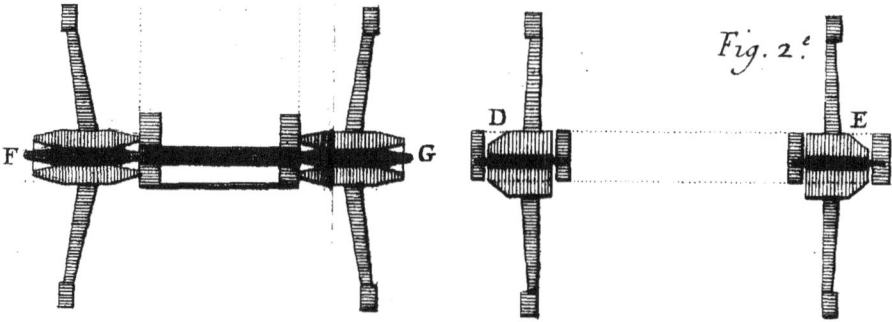

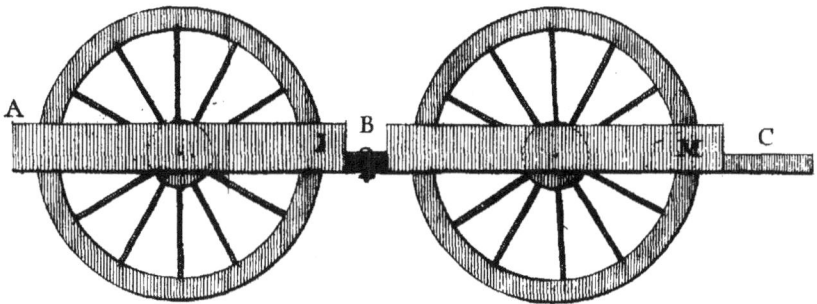

Echelle de 6. Pieds.

1   2   3   4   5   6 *Pieds.*

Fig. I.re

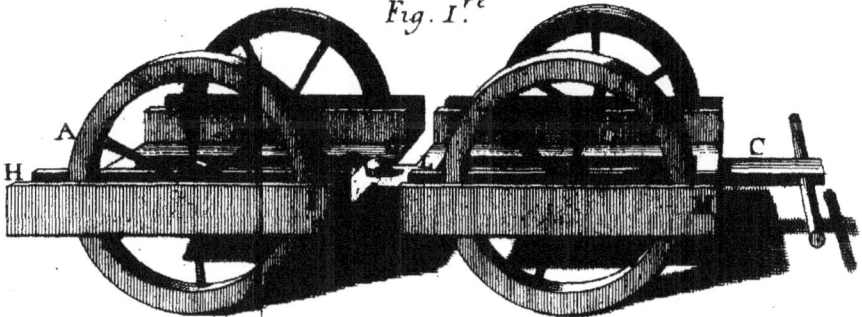

N.o 210.

Herisset Sculp.

FOURGON BRISÉ

INVENTÉ

PAR M. LE LARGE.

SUR le principe du chariot brifé précédent, l'on peut conftruire un Fourgon auffi brifé. Ce Fourgon eft compofé de deux chariots AB, CD, chargés au-deffous de leurs effieux, comme il a été dit dans la defcription du premier chariot. Le chariot DC, fe joint par fon timon E au chariot de devant AB, par le moyen de la cheville ouvriere F; il doit y avoir entre ces deux chariots un inter- vale de 15 pouces, efpace fuffifant pour donner la liberté au chariot de devant de tourner jufqu'à ce qu'une des roues touche le timon du chariot de derriere.

Les limons extérieurs GH, IL dans lefquels font ren- fermées les roues, doivent être un peu bombés pour éviter les accrochemens des autres voitures.

Sur le devant du premier chariot AB, eft un moulinet MN pratiqué dans les limons intérieurs; on entortille au- tour de ce treüil deux moyennes cordes fixées au chariot de derriere & qui fervent à le tirer pour le joindre au cha- riot de devant. Lorfque ce dernier chariot eft tiré de l'en- droit où il étoit embourbé; car nous avons dit que lorf- que l'un des deux reftoit dans quelque embarras, on pour- roit aifément les féparer & atteler les chevaux à celui qui fe trouveroit dans le cas, ou même fi l'on prévoyoit un

1719.
N°. 211.
PLANCHE
II.

paſſage dangereux , il ſeroit bon de ſe précautionner & de ne les faire paſſer que l'un après l'autre ; par ce moyen un ſeul homme ſuffiroit pour conduire une pareille voiture , au lieu de deux qu'il faudroit à une autre voiture moins chargée que ce Fourgon , puiſqu'il a la charge de deſſous de plus que les voitures ordinaires.

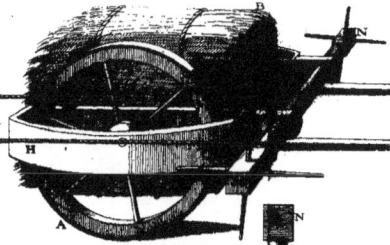

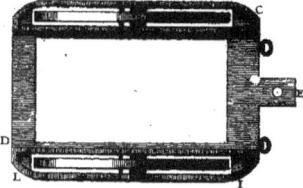

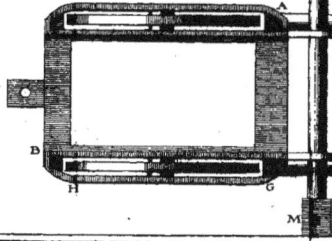

N° 211.

❦❦❦❦❦❦❦❦✝❦❦❦❦❦❦

HORLOGE

POUR MESURER LE CHEMIN

D'UN VAISSEAU,

INVENTÉE

PAR M. POURCHEF.

LE corps de cette Horloge est composé de six roues & de cinq pignons, de même que les Horloges horaires, excepté que dans les horaires les roues menent les pignons, ici au contraire les pignons menent les roues; la force nécessaire pour les faire mouvoir s'applique à la roue qui fait le plus de tours, au lieu que dans les horaires elle s'applique à celle qui en fait le moins, d'où il suit que celle-ci n'a besoin que de très-peu de force pour les faire agir. Le premier pignon F est un allonge de fer d'environ deux pieds de longueur, qui porte 18 dents à l'un de ses bouts, & qui engréne dans une molette ou roue G de 36 dents. L'arbre de cette molette qui entre dans le vaisseau, porte un pignon R de 6, qui engréne dans une roue Q de 60; celle-ci porte aussi un pignon 6, qui engréne encore dans une seconde roue S de 60; celle-ci porte un pignon de 6, qui fait marcher une troisiéme roue T de 60, laquelle mene un pignon de 7 qui fait mouvoir une

1719.
Nᵒ. 212.
213.
PLANCHES
I. & II.

PLANCHE
I.

PLANCHE
II.

Cc ij

quatriéme roue P de 70 qui porte un cinquiéme pignon de 8 , qui enfin mene la fixiéme roue V de 80. Ce mouvement qui eſt entre deux platines fait mouvoir trois aiguilles du cadran XY , au moyen des roues O, L, M, N; la premiere de ces aiguilles qui eſt la plus petite, eſt revolue dans la longueur d'une lieue ; la ſeconde qui eſt la moyenne , dans la longueur de 10 lieues , & la troiſiéme , dans la longueur de 100. Ce qui donne le mouvement à cette Horloge eſt une chaîne ſans fin formée par des godets que l'on expoſe au ſillage du vaiſſeau. Cette chaîne eſt portée par trois poulies attachées au côté du vaiſſeau en forme de triangle ; la poulie A & la poulie B doivent être auſſi hautes que le vaiſſeau pourra le permettre , & la poulie C enfoncera de 7 à 8 pieds dans l'eau.

Pour que les aiguilles ſoient revolues , il faut que l'allonge ou premier pignon qui eſt l'axe de la poulie C ou de la poulie D faſſe 8000 tours pour la révolution de l'aiguille qui fait la longueur d'une lieue , que l'Auteur fait de 15000 pieds. Il donne à la poulie 22 ½ pouces de circonférence. Si la lieue étoit de 17100 pieds , il faudroit donner à cette poulie 25 pouces 7 lignes ¾ de circonférence. Lorſque cette Horloge ſera bien appliquée & ſolidement attachée au vaiſſeau , le Pilote pourra voir à toute heure la longueur du chemin qu'il a fait depuis le lieu de ſon départ en lieues & parties de lieues. L'Auteur offre de donner des tables , dont l'un des côtés contiendra 100 numeros ou lieues depuis 1 juſqu'à 100 , & l'autre côté 60 feront des minutes. Des lignes tranſverſalles de numero à autre formeront 6000 petits quarrés répondans chacun aux lieues & aux minutes. Cette Table ſera colée ſur du bois avec un petit trou ſur chaque quarré pour planter une cheville , & par cette Table il ſera aiſé de remarquer combien de chemin on a fait ſur chaque Rum de vent , afin de faire une exacte reduction des longueurs en droit chemin.

Il faut remarquer que la roue M couvre deux autres roues de même diamétre, qui engrénent dans les roues L, N ; la troifiéme roue O eft menée par la roue M. Au centre de celle-ci il y a trois canons qui portent les trois aiguilles que l'on voit fur le cadran.

Les roues H, I, font les mêmes que les roues G, F de la premiere Planche, c'eft-à-dire, que le pignon R eft fixé au centre de la roue H, & le pignon I à l'arbre du pignon D de la premiere Planche.

1719.
Nº. 212.
213.
PLANCHE
I.

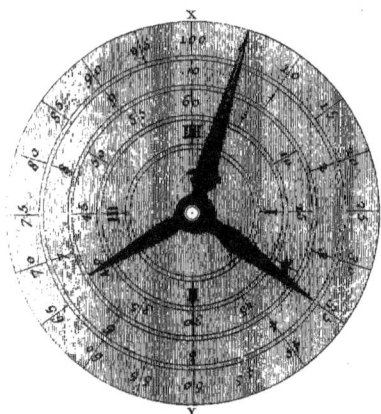

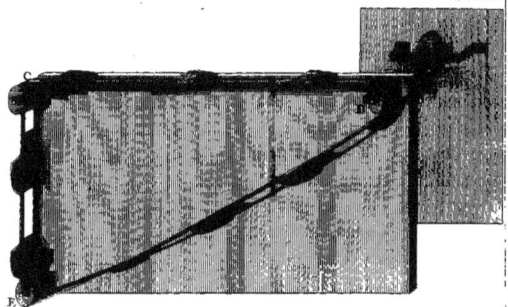

Developement de l'horloge

CAROSSE

QUI NE DOIT POINT VERSER,

INVENTÉ

PAR M. DU TANNÉY DE GOURNEY.

L'AVANT-TRAIN AB eſt de même qu'aux Caroſſes ordinaires; celui-ci ne différe donc qu'en ce que l'extrémité C de la fleche eſt appuyée ſur l'eſſieu DE des
roues de derriere; la fleche à cet endroit eſt aſſujétie par
une eſpéce de cheville ouvriere ou pivot F, qui porte ſur
le milieu G de l'eſſieu, & autour duquel comme centre
les roues peuvent tourner, ſemblablement à l'avant-train.
Il eſt clair par cette diſpoſition qu'une des roues venant à
rencontrer une hauteur quelconque, la roue ſe détournera & paſſera à côté; par cette raiſon le Caroſſe ne verſera
ni ne fera ſentir aucun cahot, tant que les eſſieux ſeront à
peu près paralleles entre eux; mais ſi l'on veut tourner,
on ne le peut faire ſans beaucoup de péril, parce que
l'eſſieu de devant & celui de derriere ſe trouvant dans la
même direction que la fleche, pour lors la baſe ſur laquelle eſt ſoutenu le corps du Caroſſe ſe réduira à une ligne
droite, & il y aura du danger. Ainſi pour profiter de l'invention, il ſeroit à ſouhaiter qu'on pût trouver quelque re-
mede à cet inconvenient, en faiſant que ces roues ne puſ-
ſent tourner que d'une certaine quantité.

1719.
Nº. 214.

Fin du Troiſiéme Volume.

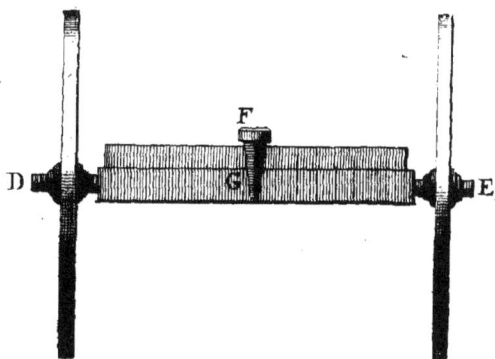

Herisset Sculp.